아이가 좋아하는 4단계 초등연산

덧셈·뺄셈

1

동양북스

아이가 좋아하는 4단계 초등연산

덧셈·뺄셈 ①

| 초판 1쇄 인쇄 2022년 5월 23일
| 초판 1쇄 발행 2022년 6월 2일
| 발행인 김태웅
| 지은이 초등 수학 교육 연구소 〈수학을 좋아하는 아이〉
| 편집1팀장 황준
| 디자인 syoung.k
| 마케팅 나재승, 박종원
| 제작 현대순
| 발행처 (주)동양북스
| 등록 제 2014-000055호
| 주소 서울시 마포구 동교로 22길 14 (04030)
| 구입문의 전화 (02)337-1737 팩스 (02)334-6624
| 내용문의 전화 (02)337-1763 이메일 dybooks2@gmail.com
| ISBN 979-11-5768-358-1(64410) 979-11-5768-356-7 (세트)
ⓒ 수학을 좋아하는 아이 2022

선행학습, 심화학습에는 관심을 많이 가지지만 연산 학습의 중요성을 심각하게 고려하는 학부모는 상대적으로 많지 않습니다. 하지만 초등수학의 연산 학습은 너무나 중요합니다. 중·고등 수학으로 나아가기 위한 기초가 되기 때문입니다. 더하기, 빼기를 할 수 있어야 곱하기, 나누기를 할 수 있는 것처럼 수학은 하나의 개념을 숙지해야 다음 단계의 개념으로 나갈 수 있는 학문입니다. 연산 능력이 부족하면 복잡해지는 중·고등 과정의 수학 학습에 대응하기 힘들어져 결국에는 수학을 어려워하게 되는 것입니다.

"수학은 연산이라는 기초공사를 튼튼히 하는 것이 중요합니다."

그러면 어떻게 해야 아이들이 연산을 좋아하고 잘할 수 있을까요? 다음과 같이 하는 것이 중요합니다.

하나, 아이에게 연산은 시행착오를 겪는 과정을 통해서 개념과 원리를 익히는 결코 쉽지 않은 과정입니다. 따라서 쉬운 문제부터 고난도 문제까지 차근히 실력을 쌓아가는 것이 가장 좋습니다.

둘, 문제의 양이 많은 드릴 형식의 연산 문제집은 중도에 포기하기 쉽습니다. 또한 비슷하거나 어려운 문제들만 나오는 문제집도 연산을 지겹게 만들 수 있습니다. 창의적이고 재미있는 문제를 풀어야 합니다.

셋, 초등수학은 연산 학습이 80%에 이릅니다. 사칙연산 그리고 혼합계산에 이르기까지 초등수학의 대부분이 주로 수와 연산을 다룹니다. 따라서 연산 학습의 효과가 학교 수업과 이어질 수 있도록 교과 연계 맞춤 학습을 하는 것이 좋습니다.

"덧셈, 뺄셈, 곱셈, 나눗셈, 분수, 소수 단기간에 완성"

아이가 좋아하는 가장 쉬운 초등 연산은 위와 같은 방식으로 초등 연산을 총정리하는 연산 문제집입니다. 경직된 학습이 아닌 즐거운 유형 연습을 통해 직관력, 정확도, 연산 속도를 향상시키도록 돕습니다. 무엇보다 초등수학 학습에 있어서 가장 중요한 것은 '흥미'와 '자신감'입니다. 이 책의 4단계 학습을 통해 공부하면 헷갈렸던 연산이 정리되고 계산 속도가 빨라지면서 수학에 대한 흥미와 자신감이 생기게 될 것입니다.

| 체계적인 4단계 연산 훈련

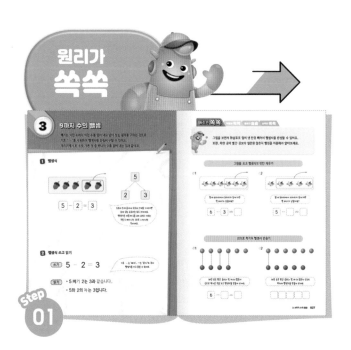

Step 01

재미있고 친절한 설명으로 원리와 개념을 배우고,
그대로 따라해 보며 원리를 확실하게 이해할 수 있어요.

Step 02

학습한 원리를 적용하는 다양한 방식을 배우며
연산 훈련의 기본을 다질 수 있어요.

| 연산의 활용

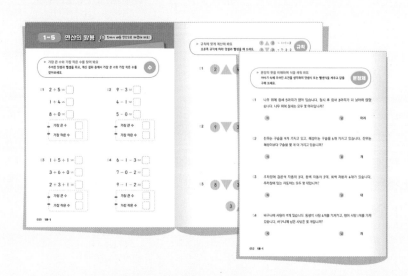

한 단계 실력 up!

4단계 훈련을 통한 연산 실력을
확인하고 활용해 볼 수 있는
수, 규칙, 문장제 구성으로 복습과 함께
완벽한 마무리를 할 수 있어요.

탄탄한 원리 학습을 마치면 드릴 형식의 연산 문제도
지루하지 않고 쉽게 풀 수 있어요.

다양한 형태의 문제들을 접하며 연산 실력을 높이고
사고력도 함께 키울 수 있어요.

| 이렇게 학습 계획을 세워 보세요!

하루에 푸는 양을 다음과 같이 구성하여 풀어 보세요.

4주 완성

- (1day) 원리가 쏙쏙, 적용이 척척
- (1day) 풀이가 술술, 실력이 쑥쑥
- (1day) 연산의 활용

6주 완성

- (1day) 원리가 쏙쏙, 적용이 척척
- (1day) 풀이가 술술
- (1day) 실력이 쑥쑥
- (1day) 연산의 활용

목차

1 9까지 수의 덧셈과 뺄셈

2 100까지 수의 덧셈과 뺄셈

3 덧셈구구와 뺄셈구구

왜 숫자는 아름다운 걸까요?

이것은 베토벤 9번 교향곡이 왜 아름다운지 묻는 것과 같습니다.

- 폴 에르되시 -

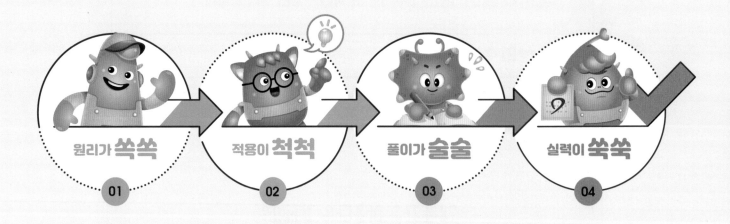

원리가 **쏙쏙** 01   적용이 **척척** 02   풀이가 **술술** 03   실력이 **쑥쑥** 04

1

9까지 수의 덧셈과 뺄셈

9까지의 수를 가르고 모으기

수를 가르는 것은 하나의 수를 그 수보다 작은 수들로 갈라서 나타내는 것이고,
수를 모으는 것은 두 수를 모아서 하나의 수로 나타내는 것이에요.

1 한 수를 두 수로 가르기

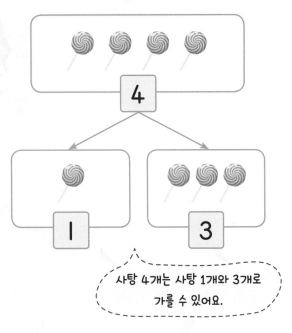

사탕 4개는 사탕 1개와 3개로
가를 수 있어요.

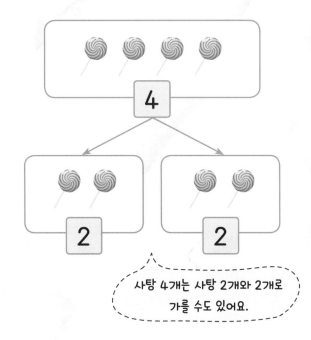

사탕 4개는 사탕 2개와 2개로
가를 수도 있어요.

2 두 수를 한 수로 모으기

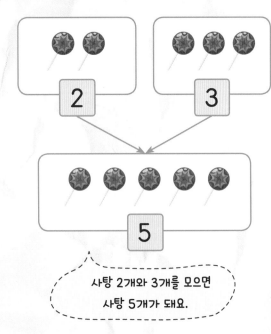

사탕 2개와 3개를 모으면
사탕 5개가 돼요.

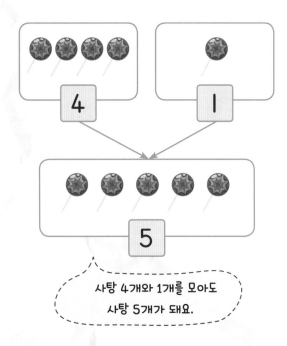

사탕 4개와 1개를 모아도
사탕 5개가 돼요.

빈칸에 동그라미를 그려서
수를 가르고 모아 보세요.
그리고 수로 표현해 보세요.

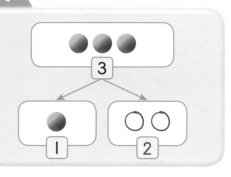

01 5를 가르기

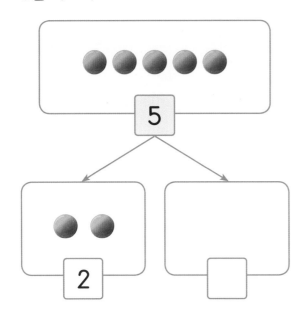

02 7을 가르기

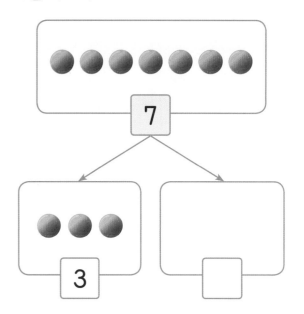

03 3과 2를 모으기

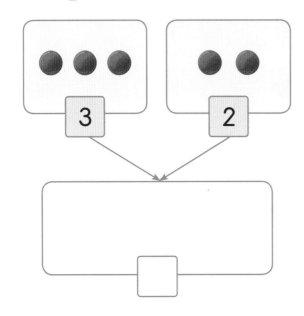

04 5와 1을 모으기

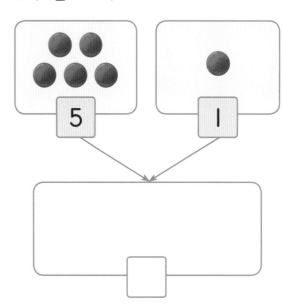

동그라미를 그려서 가르기

빈 곳에 동그라미를 그려서 주어진 수를
가르기 해 보세요.

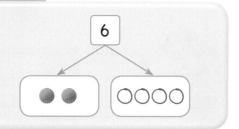

01

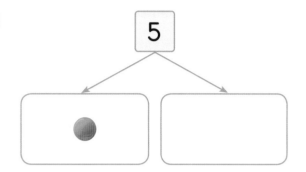

02

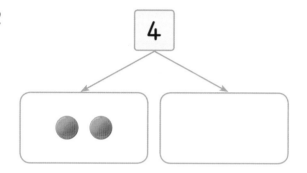

03

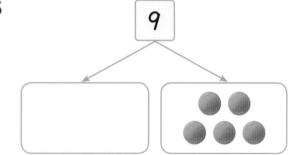

04

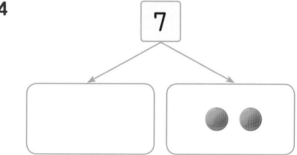

05

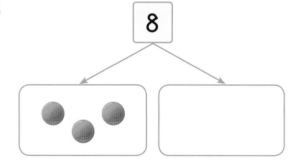

06

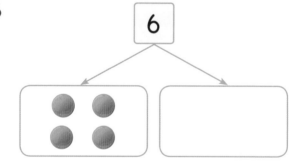

07

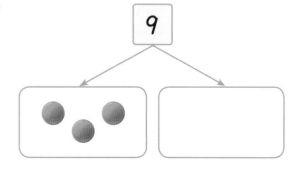

08

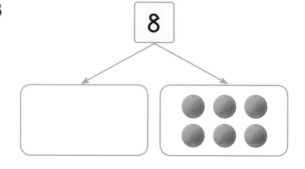

동그라미를 그려서 모으기

빈 곳에 동그라미를 그려 모아서
주어진 수가 되게 해 보세요.

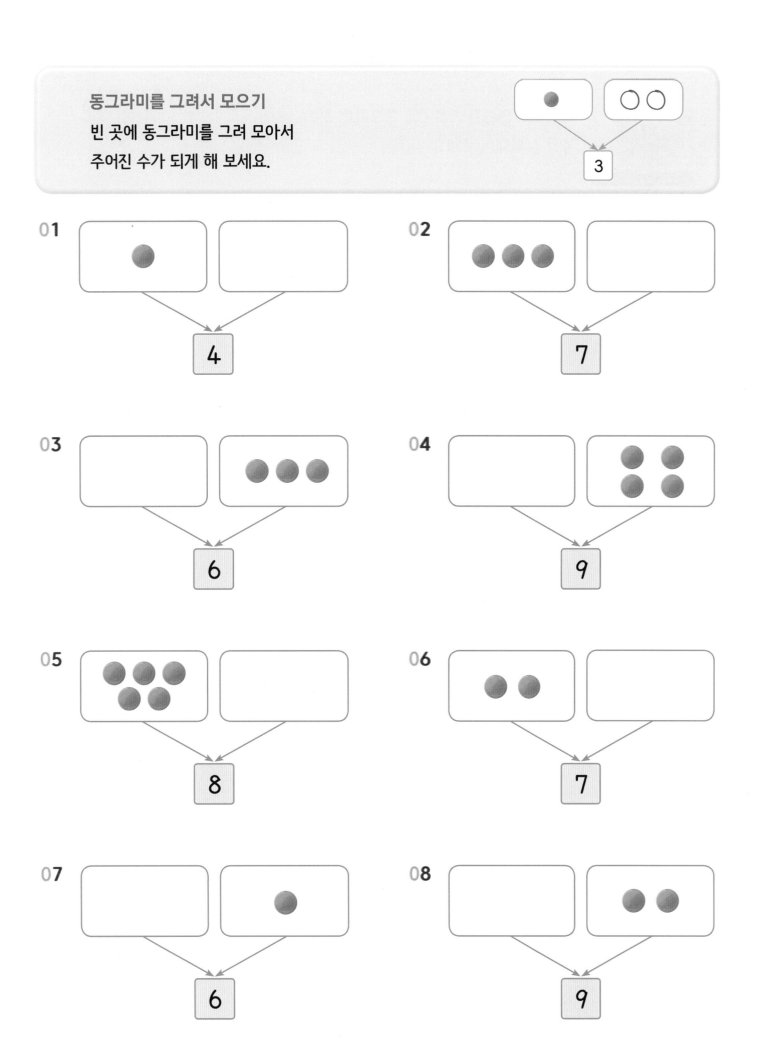

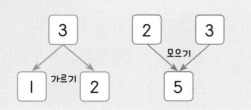

그림으로 연습한 가르기와 모으기를
수로 나타내어 보세요

01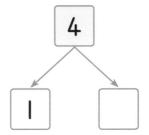

02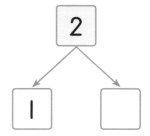

03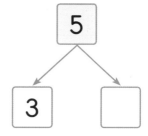

04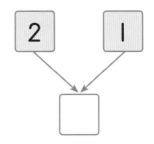

05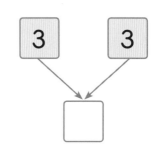

06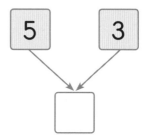

07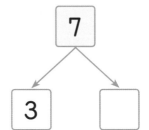

08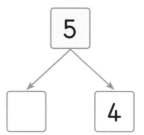

09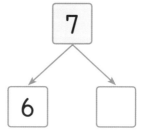

10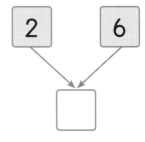

11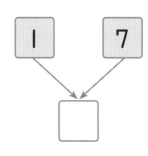

12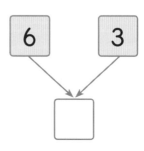

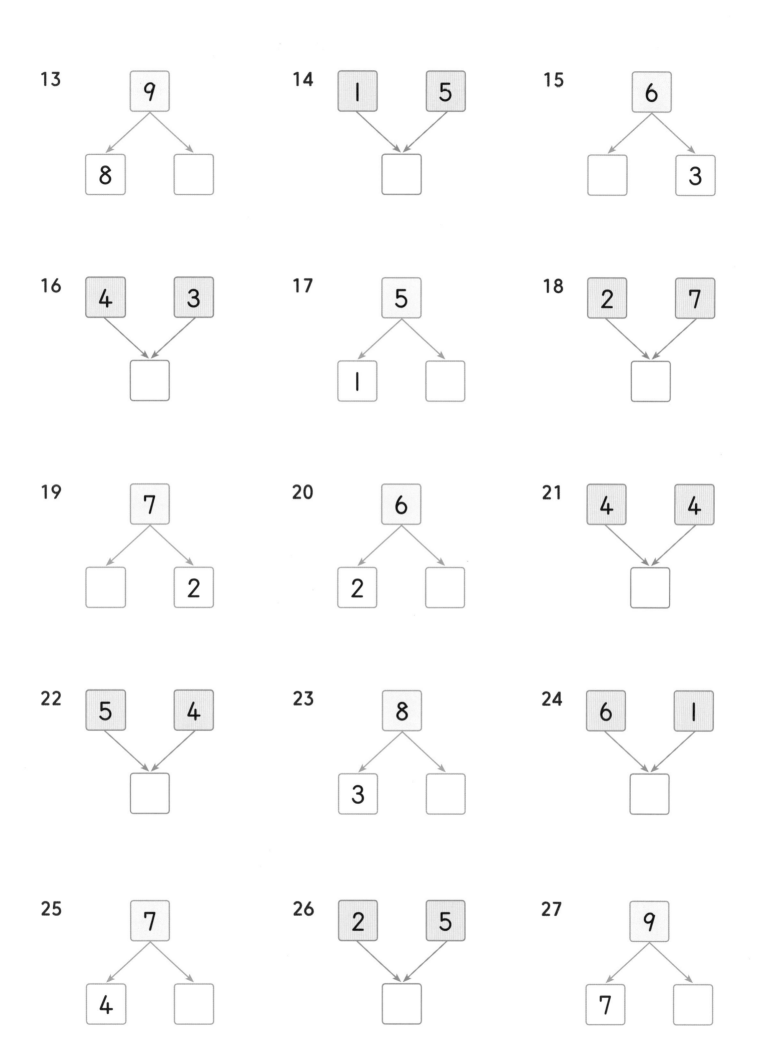

13. 9 → 8, ☐

14. 1, 5 → ☐

15. 6 → ☐, 3

16. 4, 3 → ☐

17. 5 → 1, ☐

18. 2, 7 → ☐

19. 7 → ☐, 2

20. 6 → 2, ☐

21. 4, 4 → ☐

22. 5, 4 → ☐

23. 8 → 3, ☐

24. 6, 1 → ☐

25. 7 → 4, ☐

26. 2, 5 → ☐

27. 9 → 7, ☐

연속해서 가르고 모으기
규칙에 따라서 가르고 모으기를
연속해서 해 보세요.

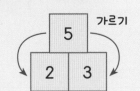

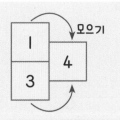

01

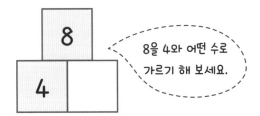

8을 4와 어떤 수로
가르기 해 보세요.

02

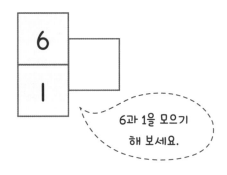

6과 1을 모으기
해 보세요.

03

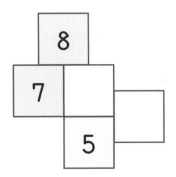

04

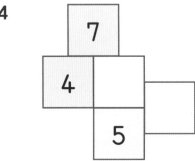

05

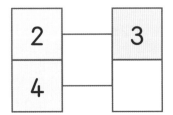

06

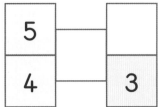

07

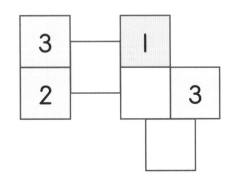

08

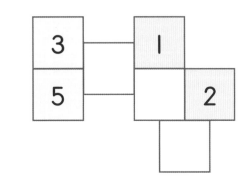

가르고 가르기, 모으고 모으기

가르고 모으기를 두 번씩 연속해서
해 보세요.

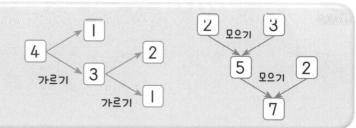

01

7 → 3
7 → ☐ → 3
       → ☐

02

8 → 2
8 → ☐ → 2
       → ☐

03

9 → 5 → ☐
9 →   → 4
    → ☐

04

6 → 4 → ☐
6 →   → 2
    → ☐

05

2 3
 ↘↙
 ☐ 2
   ↘↙
   ☐

06

4 1
 ↘↙
 ☐ 4
   ↘↙
   ☐

07

1 6
 ↘↙
1 ☐
 ↘↙
 ☐

08

2 1
 ↘↙
6 ☐
 ↘↙
 ☐

2 9까지 수의 덧셈

더하기는 모으기처럼 두 수를 모은 결과를 구하는 것으로
기호 '+'를 사용하여 덧셈식을 만들어 구할 수 있어요.

1 덧셈식

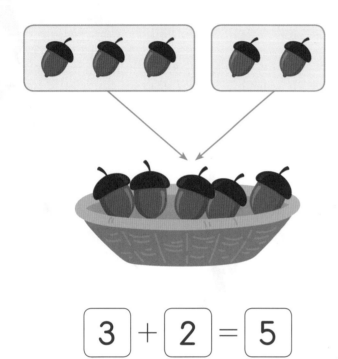

$$3 + 2 = 5$$

도토리 3개와 도토리 2개를 바구니에
모으면 도토리는 모두 5개예요.
덧셈식은 이렇게 3과 2를 모으는 것을
3 더하기 2로 나타내는 거예요.

2 덧셈식 쓰고 읽기

쓰기 $3 + 2 = 5$

기호 +는 '더하기', =는 '같다'와 같이
덧셈식을 쓰고 읽을 수 있어요.

읽기 · 3 더하기 2는 5와 같습니다.

· 3과 2의 합은 5입니다.

그림을 보면서 덧셈식을 완성할 수 있어요.
또한 동그라미를 그려서 합을 구하고 덧셈식을 완성해 보세요.

그림을 보고 덧셈식의 빈칸 채우기

01
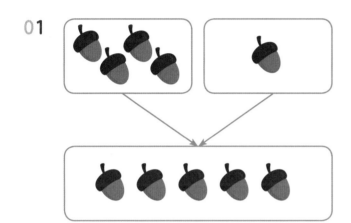

$$4 + 1 = \boxed{}$$

02
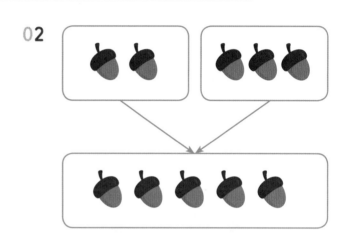

$$2 + \boxed{} = \boxed{}$$

동그라미를 그려 넣고 덧셈식 만들기

01
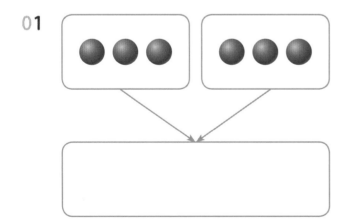

$$\boxed{} + \boxed{} = \boxed{}$$

02
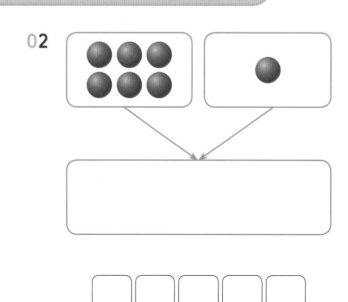

$$\boxed{}\,\boxed{}\,\boxed{}\,\boxed{}\,\boxed{}$$

구슬을 이용해서 덧셈하기

주어진 수 구슬을 이용해서

덧셈을 해 보세요.

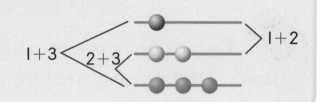

01

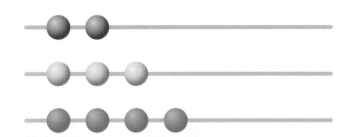

$2 + 3 =$

$2 + 4 =$

$3 + 4 =$

02

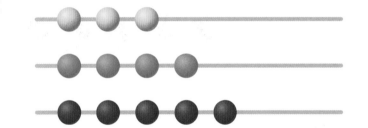

$3 + 4 =$

$4 + 5 =$

$3 + 5 =$

03

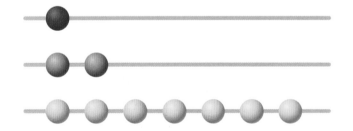

$1 + 2 =$

$2 + 7 =$

$1 + 7 =$

04

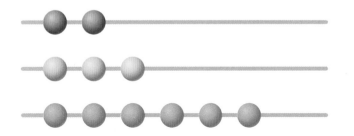

$2 + 3 =$

$3 + 6 =$

$6 + 2 =$

05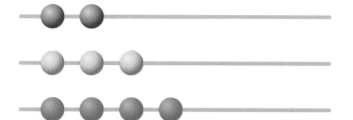

$2 + 2 =$

$3 + 3 =$

$4 + 4 =$

06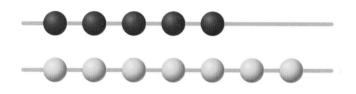

$0 + 5 =$

$0 + 7 =$

$7 + 0 =$

0은 아무것도 없음을 나타내요. 따라서
0 + 어떤 수 = 어떤 수
어떤 수 + 0 = 어떤 수

07

$5 + 0 =$

$5 + 1 =$

1, 3의 수 구슬은 그림 없이 머릿속으로
생각하며 덧셈을 해 보세요.

$3 + 5 =$

08

$6 + 2 =$

$3 + 6 =$

$0 + 6 =$

$1 + 6 =$

09

$2 + 6 =$

$5 + 2 =$

$2 + 0 =$

$7 + 2 =$

그림을 이용하지 않고 수만으로 덧셈을 해 보세요.
간단한 덧셈 결과는 외울 수도 있도록 여러 번 연습해 보세요.

01 3+2=

두 수의 순서를 바꾸어 더하여도 결과는 같아요.

02 1+4=   03 4+1=

0 + 어떤 수 = 어떤 수

04 0+4=   05 4+4=   06 5+2=

07 1+6=   08 3+1=   09 2+4=

10 3+3=   11 0+9=   12 6+3=

13 4+3=   14 8+0=   15 2+1=

16 1+8=

17 7+2=

18 2+2=

19 7+1=

20 2+6=

21 6+0=

22 6+2=

23 4+5=

24 2+3=

25 2+5=

26 5+4=

27 1+7=

28 8+1=

29 1+3=

30 3+3=

31 0+1=

32 3+4=

33 6+1=

34 3+5=

35 7+0=

36 1+5=

위의 두 세모 속의 두 수를 더하여
아래 세모의 빈 곳에 써넣어 보세요.

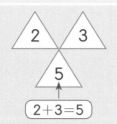

2+3=5

01

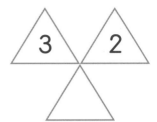

02

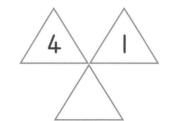

03

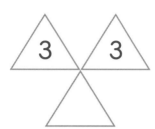

04

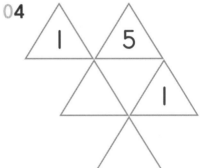

05

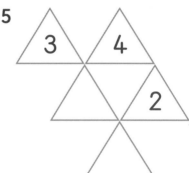

06

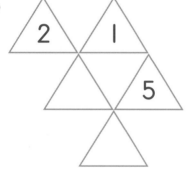

07

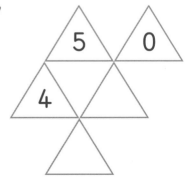

08

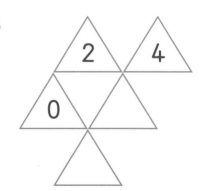

09

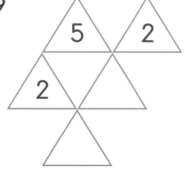

위의 수와 아래 수를 더하는 세로셈을 해 보세요.

01

$$\begin{array}{r} 4 \\ + 3 \\ \hline \end{array}$$

02

$$\begin{array}{r} 3 \\ + 3 \\ \hline \end{array}$$

03

$$\begin{array}{r} 6 \\ + 1 \\ \hline \end{array}$$

04

$$\begin{array}{r} 5 \\ + 0 \\ \hline \end{array}$$

05

$$\begin{array}{r} 2 \\ + 7 \\ \hline \end{array}$$

06

$$\begin{array}{r} 4 \\ + 4 \\ \hline \end{array}$$

07

$$\begin{array}{r} 5 \\ + 2 \\ \hline \end{array}$$

08

$$\begin{array}{r} 6 \\ + 3 \\ \hline \end{array}$$

09

$$\begin{array}{r} 1 \\ + 7 \\ \hline \end{array}$$

10

$$\begin{array}{r} 3 \\ + 4 \\ \hline \end{array}$$

11

$$\begin{array}{r} 2 \\ + 3 \\ \hline \end{array}$$

12

$$\begin{array}{r} 8 \\ + 1 \\ \hline \end{array}$$

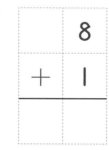

9까지 수의 뺄셈

빼기는 어떤 수에서 어떤 수를 덜어 내고 남아 있는 결과를 구하는 것으로
기호 ' − '를 사용하여 뺄셈식을 만들어 구할 수 있어요.
가르기에서 두 수로 가른 것 중 하나의 수를 덜어 내는 것과 같아요.

1 뺄셈식

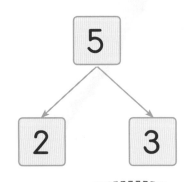

도토리 5개 중에서 도토리 2개를 가져가면
남아 있는 도토리는 모두 3개예요.
뺄셈식은 이렇게 5를 2와 3으로 가르는
것을 5 빼기 2는 3으로 나타내는
것이에요.

2 뺄셈식 쓰고 읽기

쓰기   5 − 2 = 3

기호 −는 '빼기', =는 '같다'와 같이
뺄셈식을 쓰고 읽을 수 있어요.

읽기   • 5 빼기 2는 3과 같습니다.

• 5와 2의 차는 3입니다.

그림을 보면서 화살표로 덜어 낸 만큼 빼어서 뺄셈식을 완성할 수 있어요.
또한, 파란 공이 빨간 공보다 얼만큼 많은지 뺄셈을 이용해서 알아보세요.

그림을 보고 뺄셈식의 빈칸 채우기

01

참새 6마리에서 3마리가 날아가면
몇 마리가 남을까요?

$$6 - 3 = \boxed{}$$

02

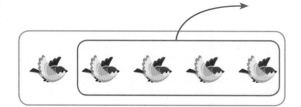

참새 5마리에서 4마리가 날아가면
몇 마리가 남을까요?

$$5 - \boxed{} = \boxed{}$$

선으로 짝지어 뺄셈식 만들기

01

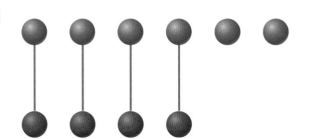

파란 공은 빨간 공보다 몇 개 더 많은지
선으로 짝지은 것을 보고 뺄셈식을 만들어 보세요.

$$6 - \boxed{} = \boxed{}$$

02

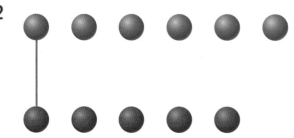

파란 공은 빨간 공보다 몇 개 더 많은지 선으로
짝지어 뺄셈식을 만들어 보세요.

구슬을 이용해서 뺄셈하기
주어진 수 구슬을 이용해서
뺄셈을 해 보세요.

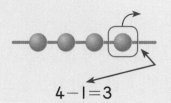

빼는 수를 구슬에
표시하고 뺄셈을
해 보세요.

$4-1=3$

01

$4-2=$

02

$4-3=$

03

$6-3=$

04

$6-1=$

0은 아무것도 없음을 나타내므로
어떤 수 − 0 = 어떤 수

05

$3-0=$

06

$5-0=$

07

$7-5=$

08

$7-2=$

09

$9-4=$

10

$8-6=$

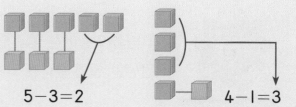

$5-3=2$

$4-1=3$

01

$7-2=$ ⬜ ← 더 많은 초록 블록의 수

02

$7-6=$ ⬜

03

$8-4=$ ⬜

04

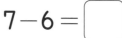

$6-1=$ ⬜

05

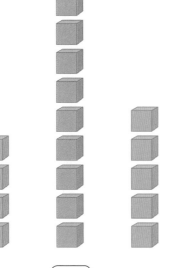

$9-4=$ ⬜

$9-5=$ ⬜

06

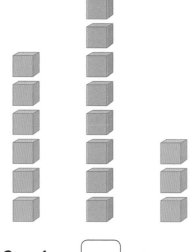

$9-6=$ ⬜

$9-3=$ ⬜

그림을 이용하지 않고 뺄셈식을 계산해 보세요.
간단한 뺄셈 결과는 외울 수도 있도록 여러 번 연습해 보세요.

01　3-1=

02　3-2=

03　4-2=

04　4-1=

05　5-4=

06　6-3=

07　9-1=

08　8-2=

09　7-3=

10　8-5=

11　9-4=

12　6-1=

13　8-7=

14　5-1=

15　9-2=

16 $6-5=$

17 $6-0=$

어떤 수 − 0 = 어떤 수

18 $5-3=$

19 $9-7=$

20 $4-3=$

21 $8-4=$

22 $3-3=$

어떤 수 − 어떤 수 = 0

23 $8-6=$

24 $6-2=$

25 $7-5=$

26 $4-4=$

27 $5-2=$

28 $6-4=$

29 $7-2=$

30 $9-5=$

31 $9-8=$

32 $9-3=$

33 $7-6=$

34 $3-0=$

35 $8-3=$

36 $7-7=$

위에서 아래로, 왼쪽에서 오른쪽으로
뺄셈을 하여 빈칸을 채워 보세요.

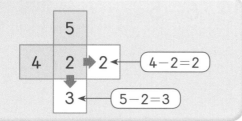

01

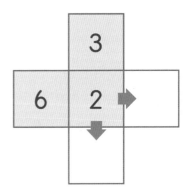

02

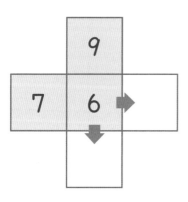

03

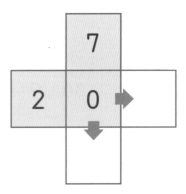

04

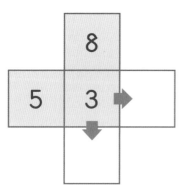

05

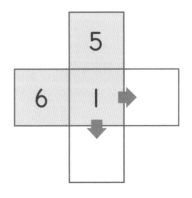

06

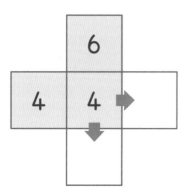

위의 수에서 아래 수를 빼는 세로셈을 해 보세요.

$$\begin{array}{r} 4 \\ -\ 3 \\ \hline 1 \end{array}$$

01
$$\begin{array}{r} 4 \\ -\ 1 \\ \hline \end{array}$$

02
$$\begin{array}{r} 8 \\ -\ 6 \\ \hline \end{array}$$

03
$$\begin{array}{r} 6 \\ -\ 0 \\ \hline \end{array}$$

04
$$\begin{array}{r} 5 \\ -\ 1 \\ \hline \end{array}$$

05
$$\begin{array}{r} 7 \\ -\ 2 \\ \hline \end{array}$$

06
$$\begin{array}{r} 8 \\ -\ 4 \\ \hline \end{array}$$

07
$$\begin{array}{r} 9 \\ -\ 9 \\ \hline \end{array}$$

08
$$\begin{array}{r} 9 \\ -\ 3 \\ \hline \end{array}$$

09
$$\begin{array}{r} 5 \\ -\ 4 \\ \hline \end{array}$$

10
$$\begin{array}{r} 8 \\ -\ 2 \\ \hline \end{array}$$

11
$$\begin{array}{r} 6 \\ -\ 5 \\ \hline \end{array}$$

12
$$\begin{array}{r} 9 \\ -\ 7 \\ \hline \end{array}$$

4 덧셈과 뺄셈

지금까지 덧셈, 뺄셈을 연습해 보았어요.
이제는 덧셈식과 뺄셈식을 이용하여 여러 가지 빈칸을 채워 보아요.

1 빈칸에 알맞은 기호 찾기

$$3 \boxed{} 2 = 5$$

> 계산의 결과가 3보다 2 큰 5가 되는 상황은
> 덧셈이므로 '＋' 기호를 써넣어요.

$$5 \boxed{} 2 = 3$$

> 계산의 결과가 5보다 2 작은 3이 되는 상황은
> 뺄셈이므로 '－' 기호를 써넣어요.

2 빈칸에 알맞은 수 찾기

●● + [ ] = ●●●●●

$$2 + \boxed{} = 5$$

3

> 2에 얼마를 더하면 5가 되는지 생각해
> 보고 빈칸에 알맞은 수를 써넣어요.

[   ] − ●● = ●●●●

$$\boxed{} - 2 = 4$$

6

> 남은 공의 수와 빼는 공의 수 사이의 관계를
> 생각해 보고 알맞은 수를 써넣어요.

덧셈식과 뺄셈식에서 수의 관계를
이용해서 빈칸을 채워 보세요.

$$3 + 2 = 5$$
더해지는 수   더하는 수

$$5 - 2 = 3$$
빼지는 수   빼는 수

덧셈식에서 ☐ 안의 수 구하기

01

$$1 + \boxed{} = 4$$

> 덧셈 결과 4와 더해지는 수 1의 차는
> 더하는 수 ☐ 과 같아요.

02

$$\boxed{} + 5 = 7$$

> 덧셈 결과 7과 더하는 수 5의 차는
> 더해지는 수 ☐ 와 같아요.

뺄셈식에서 ☐ 안의 수 구하기

01

$$\boxed{} - 3 = 4$$

> 뺄셈 결과 4와 빼는 수 3의 합은
> 빼지는 수 ☐ 과 같아요.

02

$$\boxed{} - 1 = 5$$

> 뺄셈 결과 5와 빼는 수 1의 합은
> 빼지는 수 ☐ 과 같아요.

알맞은 기호 써넣기

계산의 결과를 보면서 덧셈과 뺄셈 기호
중 알맞은 기호를 써넣어 보세요.

$5 \boxed{+} 1 = 6$ 계산 결과가 5보다 1 큰
6이므로 덧셈이에요.

$5 \boxed{-} 1 = 4$ 계산 결과가 빼지는 수 5보다
1 작은 4이므로 뺄셈이에요.

01 $3 \boxed{} 3 = 6$

$3 \boxed{} 1 = 2$

$3 \boxed{} 2 = 5$

$3 \boxed{} 2 = 1$

02 $4 \boxed{} 2 = 6$

$4 \boxed{} 2 = 2$

$4 \boxed{} 3 = 7$

$4 \boxed{} 3 = 1$

03 $5 \boxed{} 4 = 9$

$5 \boxed{} 4 = 1$

$6 \boxed{} 3 = 9$

$6 \boxed{} 3 = 3$

$7 \boxed{} 2 = 9$

$7 \boxed{} 2 = 5$

04 $8 \boxed{} 1 = 9$

$8 \boxed{} 2 = 6$

$8 \boxed{} 3 = 5$

$9 \boxed{} 4 = 5$

$9 \boxed{} 5 = 4$

$9 \boxed{} 6 = 3$

덧셈과 뺄셈의 관계를 이용하여 빈칸을 채워 보세요.

$3 + \boxed{2} = 5$
$\rightarrow \boxed{2} = 5 - 3$

$\boxed{5} - 1 = 4 \rightarrow \boxed{5} = 4 + 1$
$5 - \boxed{1} = 4 \rightarrow \boxed{1} = 5 - 4$

01 $6 + \boxed{} = 7$

$5 + \boxed{} = 7$

$4 + \boxed{} = 7$

$3 + \boxed{} = 7$

$2 + \boxed{} = 7$

02 $\boxed{} + 8 = 9$

$\boxed{} + 7 = 9$

$\boxed{} + 6 = 9$

$\boxed{} + 5 = 9$

$\boxed{} + 4 = 9$

03 $\boxed{} - 7 = 2$

$\boxed{} - 6 = 2$

$\boxed{} - 5 = 2$

$\boxed{} - 4 = 2$

$\boxed{} - 3 = 2$

04 $5 - \boxed{} = 3$

$6 - \boxed{} = 3$

$7 - \boxed{} = 3$

$8 - \boxed{} = 3$

$9 - \boxed{} = 3$

덧셈식과 뺄셈식의 성질을 이용하여 ☐ 안에 알맞은 수를 써넣으세요.

01　$2 + \boxed{} = 4$

　　$\boxed{} + 1 = 4$

02　$2 + \boxed{} = 5$

　　$\boxed{} + 4 = 5$

03　$3 + \boxed{} = 7$

　　$\boxed{} + 6 = 7$

04　$1 + \boxed{} = 9$

　　$\boxed{} + 5 = 9$

05　$3 + \boxed{} = 6$

　　$\boxed{} + 0 = 6$

06　$5 + \boxed{} = 8$

　　$\boxed{} + 2 = 8$

07　$1 + \boxed{} = 3$

　　$\boxed{} + 3 = 3$

08　$0 + \boxed{} = 7$

　　$\boxed{} + 5 = 7$

09　$4 + \boxed{} = 8$

　　$\boxed{} + 7 = 8$

10　$1 + \boxed{} = 6$

　　$\boxed{} + 2 = 6$

11   $6 - \boxed{} = 5$

   $\boxed{} - 3 = 5$

12   $4 - \boxed{} = 3$

   $\boxed{} - 3 = 3$

13   $7 - \boxed{} = 2$

   $\boxed{} - 3 = 2$

14   $5 - \boxed{} = 4$

   $\boxed{} - 3 = 4$

15   $6 - \boxed{} = 0$

   $\boxed{} - 1 = 0$

16   $9 - \boxed{} = 1$

   $\boxed{} - 6 = 1$

17   $9 - \boxed{} = 3$

   $\boxed{} - 6 = 2$

18   $5 - \boxed{} = 0$

   $\boxed{} - 5 = 4$

19   $7 - \boxed{} = 3$

   $\boxed{} - 7 = 2$

20   $6 - \boxed{} = 6$

   $\boxed{} - 3 = 0$

21   $9 - \boxed{} = 5$

   $\boxed{} - 5 = 4$

22   $8 - \boxed{} = 1$

   $\boxed{} - 5 = 1$

덧셈과 뺄셈의 관계를 이용하여
덧셈식을 두 개의 뺄셈식으로 만들 수 있어요.

$$1+4=5$$
$$\rightarrow \begin{cases} 5-1=4 \\ 5-4=1 \end{cases}$$

01 $3+2=5$

$$\rightarrow \begin{cases} 5-3=\boxed{} \\ 5-2=\boxed{} \end{cases}$$

02 $5+2=7$

$$\rightarrow \begin{cases} \boxed{}-2=5 \\ \boxed{}-5=2 \end{cases}$$

03 $2+4=6$

$$\rightarrow \begin{cases} \boxed{}-4=\boxed{} \\ \boxed{}-2=\boxed{} \end{cases}$$

04 $4+5=9$

$$\rightarrow \begin{cases} 9-\boxed{}=4 \\ 9-\boxed{}=5 \end{cases}$$

05 $3+5=8$

$$\rightarrow \begin{cases} 8-\boxed{}=3 \\ \boxed{}-3=\boxed{} \end{cases}$$

06 $1+7=8$

$$\rightarrow \begin{cases} \boxed{}-1=7 \\ \boxed{}-7=\boxed{} \end{cases}$$

덧셈과 뺄셈의 관계를 이용하여
뺄셈식을 두 개의 덧셈식으로 만들 수 있어요.

$$5-1=4$$
$$\Rightarrow \begin{cases} 1+4=5 \\ 4+1=5 \end{cases}$$

01 $6-2=4$

$$\Rightarrow \begin{cases} 2+4=\boxed{} \\ 4+2=\boxed{} \end{cases}$$

02 $7-3=4$

$$\Rightarrow \begin{cases} \boxed{}+4=\boxed{} \\ \boxed{}+3=\boxed{} \end{cases}$$

03 $8-1=7$

$$\Rightarrow \begin{cases} \boxed{}+1=\boxed{} \\ \boxed{}+7=\boxed{} \end{cases}$$

04 $5-3=2$

$$\Rightarrow \begin{cases} \boxed{}+3=\boxed{} \\ \boxed{}+2=\boxed{} \end{cases}$$

05 $9-3=\boxed{}$

$$\Rightarrow \begin{cases} 3+\boxed{}=9 \\ \boxed{}+3=\boxed{} \end{cases}$$

06 $3-0=\boxed{}$

$$\Rightarrow \begin{cases} 3+\boxed{}=3 \\ \boxed{}+3=3 \end{cases}$$

5 세 수의 덧셈과 뺄셈

세 수의 연속적인 덧셈과 뺄셈은 앞의 두 수를 먼저 계산한 후,
그 결과와 나머지 수를 계산해요. 차례대로 계산해야 함을 꼭 기억하세요.

1 세 수의 덧셈 – 더하고 더하기

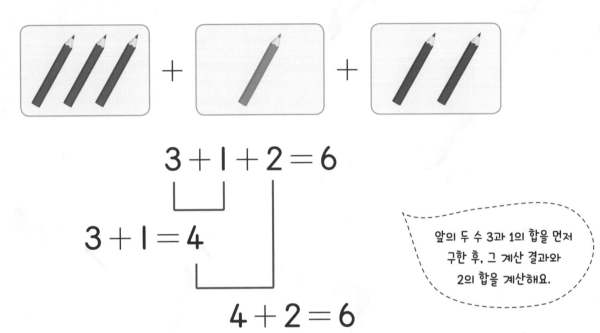

$$3 + 1 + 2 = 6$$

$$3 + 1 = 4$$

$$4 + 2 = 6$$

앞의 두 수 3과 1의 합을 먼저
구한 후, 그 계산 결과와
2의 합을 계산해요.

2 세 수의 뺄셈 – 빼고 빼기

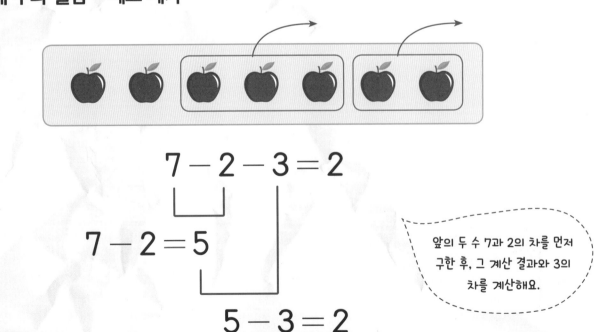

$$7 - 2 - 3 = 2$$

$$7 - 2 = 5$$

$$5 - 3 = 2$$

앞의 두 수 7과 2의 차를 먼저
구한 후, 그 계산 결과와 3의
차를 계산해요.

원리가 쏙쏙 · 적용이 척척 · 풀이가 술술 · 실력이 쏙쏙

그림을 보면서 연속된 세 수의
덧셈과 뺄셈의 과정을 알아보세요.

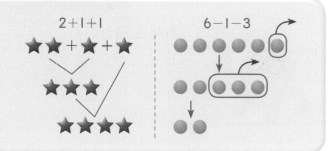

그림을 보고 세 수의 덧셈하기

01

★ ★ + ★ ★ ★ ★ + ★

$2 + 4 + 1 = \boxed{}$

02

★ + ★ ★ ★ + ★ ★

$1 + \boxed{} + 2 = \boxed{}$

> 앞의 두 수를 먼저 더하고,
> 그 결과에 나머지 수를 더해 보세요.

그림을 보고 세 수의 뺄셈하기

01

$8 - 1 - 4 = \boxed{}$

> 앞의 두 수의 뺄셈을 먼저 한 후,
> 그 결과에서 나머지 수를 빼 보세요.

02

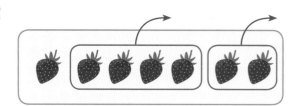

$7 - 2 - 4 = \boxed{}$

차례로 계산하기

세 수의 덧셈, 뺄셈을

차례로 계산해 보세요.

$1+1+1=3$

$1+1 \rightarrow 2$

$2+1 \rightarrow 3$

$4-2-1=1$

$4-2 \rightarrow 2$

$2-1 \rightarrow 1$

01　$3+1+2=\boxed{}$

02　$2+1+4=\boxed{}$

03　$1+1+5=\boxed{}$

04　$4+2+2=\boxed{}$

05　$1+6+2=\boxed{}$

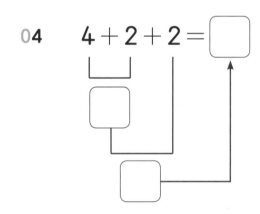

06　$3+0+5=\boxed{}$

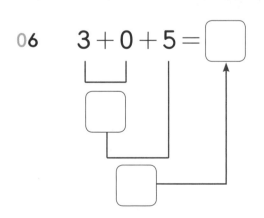

우리아이
학습공백이 생겼다?

가장 쉬운 초등
시리즈가
찾아드립니다!

 동양북스 문의 02-337-1737 ㅣ 팩스 02-334-6624
www.dongyangbooks.com

초등국어

휘리릭
초등 4문장 글쓰기

전 교과목 서술형 평가 대비
하브루타 식 질문으로 느낀 점을
이끌어내는 초등 글쓰기
각 13000원

가장 쉬운 초등
사자소학 따라쓰기

하루 한 장의 기적

우리아이를 위한
인성교육 교과서
10000원

가장 쉬운 초등
고사성어 따라쓰기

하루 한 장의 기적

한자공부는 덤!
초등학생이 꼭
알아야 할 고사성어
12000원

가장 쉬운 초등
맞춤법 띄어쓰기　

하루 한 장의 기적

하루 한 장씩 45일로
맞춤법과 띄어쓰기
기초 다지기!
10000원

가장 쉬운 초등
맞춤법 띄어쓰기　

하루 한 장의 기적

하루 한 장씩 45일로
맞춤법과 띄어쓰기
기초 완성!
12000원

가장 쉬운 초등
바른글씨 따라쓰기

하루 한 장의 기적

평생의 예쁜 글씨 습관
하루 한장씩 30일 완성
11500원

가장 쉬운
초등 속담 따라쓰기

하루 한 장의 기적

초등 교과 연계!
그림으로 재미있게
인성교육
11500원

초등한자

우리말 어휘력을 키워주는
국어 속 한자 1,2,3

하루 한 장의 기적
우리말 어휘의 70%를
차지하는 한자어 학습
외우지 않아도 저절로 이해되는
통합 한자 학습 프로그램
각 13800원

초등 공부력 강화 프로젝트
슈퍼파워 그림한자 123(8~7급)

그림 연상 학습법으로
초등한자와 7급까지
한번에 배우기
11000원

가장 쉬운
초등 한자 따라쓰기(8~6급)

하루 한 장의 기적
교육부 권장
초등 필수 한자
완성
9500원

가장 쉬운
어린이 중국어 1,2,3

학습용 DVD+
워크북+활동자료
+바로듣기까지
한권으로 알차게
담은 처음 중국어
17500원

영어 그림책
매일 듣기의 기적

엄마표 영어의
성공과 실패는
'듣기 환경'이 결정한다!

19800원

하브루타
독서의 기적

스스로 생각하는
아이로 자라는
'하브루타 독서법'

14500원

세상에서 제일 쉬운
엄마표 생활영어

유아에서 초등까지
내 아이를 위한
하루 10분
기적의 영어

12500원

세상에서 제일 쉬운
엄마표 영어놀이

오늘도 까르르!
내일도 깔깔!
놀다 보면 영어가 터지는
하루 10분의 기적!

13500원

창의쑥쑥 환이맘의
엄마표 놀이육아

오감발달 미술놀이에서
두뇌발달 과학놀이까지
창의폭발
아이주도 놀이백과

14500원

신과람쌤의
엄마표 과학놀이

유아부터 초등까지
진짜 진짜 신기한
과학실험

15500원

아이가 좋아하는
가장 쉬운 그림그리기

그림에 소질없는
엄마 아빠도
선과 도형만으로
진짜 쉽게
그리는 방법!

13000원

준비물이 필요 없는
생활 속 수학 레시피 36

일상 곳곳에서
수 감각을 일깨우는
생활 밀착형
수학 트레이닝

13500원

07   $3 + 1 + 0 =$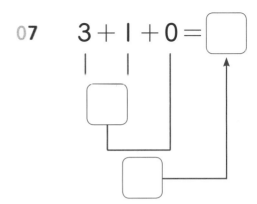

08   $7 - 1 - 3 =$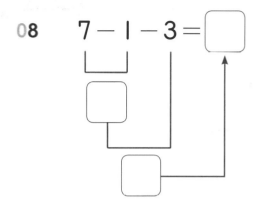

09   $7 - 4 - 3 =$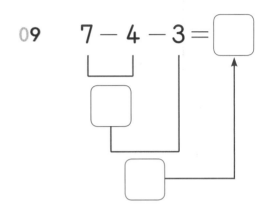

10   $9 - 3 - 5 =$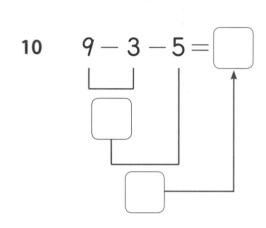

11   $6 - 1 - 3 =$

12   $9 - 4 - 2 =$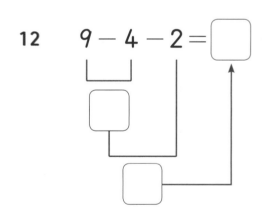

13   $5 - 2 - 2 =$

14   $8 - 2 - 0 =$

 세 수의 덧셈과 뺄셈을
세로셈으로 해 보세요.

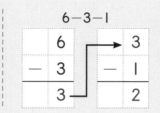

01 $1+3+2=$

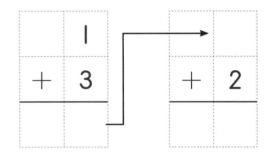

02 $2+1+5=$

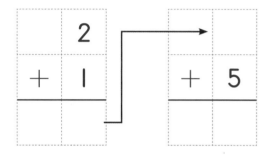

03 $3+1+4=$

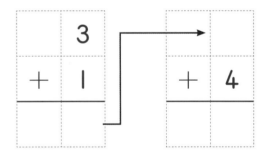

04 $2+2+5=$

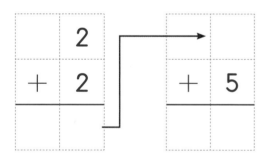

05 $6+1+1=$

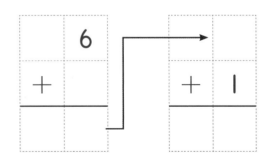

06 $3+3+3=$

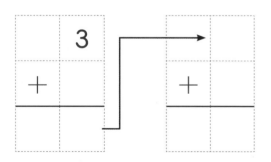

07 $5+0+3=$

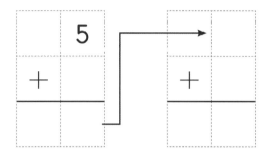

08 $5-1-1=$

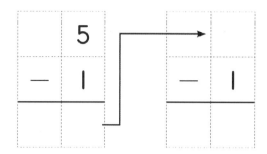

09 $5-3-2=$

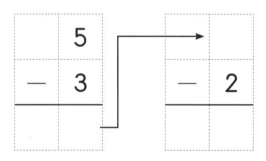

10 $7-5-1=$

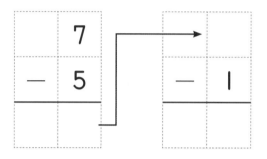

11 $9-3-5=$

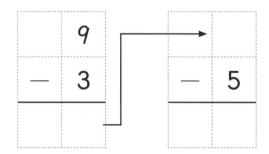

12 $8-2-4=$

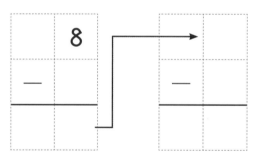

13 $6-2-1=$

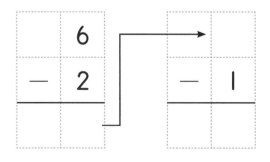

14 $6-0-2=$

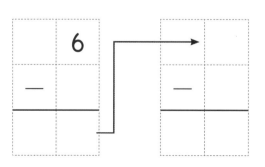

세 수의 덧셈과 뺄셈을 하세요.

$$1+2+1=4 \quad | \quad 5-1-2=2$$
$$34 \quad | \quad 42$$

01 $3+1+2=$

02 $5+1+2=$

03 $6+1+1=$

04 $2+3+4=$

05 $1+2+1=$

06 $4+1+3=$

07 $2+2+3=$

08 $3+0+2=$

09 $4+2+3=$

10 $2+2+2=$

11 $0+2+6=$

12 $1+5+3=$

13 $1+3+1=$

14 $3+1+3=$

15 $1+8+0=$

16 $5+3+1=$

17 $4-1-2=$

18 $5-1-1=$

19 $7-2-3=$

20 $6-3-3=$

21 $9-3-3=$

22 $8-4-3=$

23 $7-3-2=$

24 $9-1-2=$

25 $9-5-3=$

26 $8-1-0=$

27 $9-6-1=$

28 $8-7-1=$

29 $7-3-3=$

30 $6-2-1=$

31 $9-4-3=$

32 $8-5-2=$

33 $5+3+0=$

34 $4+0+2=$

35 $4-3-0=$

36 $6-0-2=$

▶ 가장 큰 수와 가장 작은 수를 찾아 봐요
주어진 덧셈과 뺄셈을 하고, 계산 결과 중에서 가장 큰 수와 가장 작은 수를 찾아보세요.

수

01   $2 + 5 = \boxed{}$

$1 + 4 = \boxed{}$

$8 + 0 = \boxed{}$

가장 큰 수 $\boxed{}$

가장 작은 수 $\boxed{}$

02   $9 - 3 = \boxed{}$

$4 - 1 = \boxed{}$

$5 - 0 = \boxed{}$

가장 큰 수 $\boxed{}$

가장 작은 수 $\boxed{}$

03   $1 + 5 + 1 = \boxed{}$

$3 + 6 + 0 = \boxed{}$

$2 + 3 + 1 = \boxed{}$

가장 큰 수 $\boxed{}$

가장 작은 수 $\boxed{}$

04   $6 - 1 - 3 = \boxed{}$

$7 - 0 - 2 = \boxed{}$

$9 - 1 - 2 = \boxed{}$

가장 큰 수 $\boxed{}$

가장 작은 수 $\boxed{}$

▶ 규칙에 맞게 계산해 봐요
오른쪽 규칙에 따라 덧셈과 뺄셈을 해 보세요.

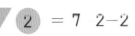

01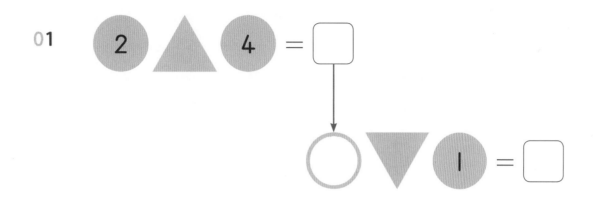

02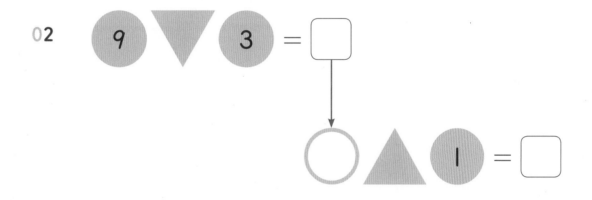

03

▶ 문장의 뜻을 이해하며 식을 세워 봐요
이야기 속에 주어진 조건을 생각하며 덧셈식 또는 뺄셈식을 세우고 답을
구해 보세요.

01 나무 위에 참새 5마리가 앉아 있습니다. 잠시 후 참새 3마리가 더 날아와 앉았습니다. 나무 위에 참새는 모두 몇 마리입니까?

식   답   마리

02 진우는 구슬을 9개 가지고 있고, 혜성이는 구슬을 6개 가지고 있습니다. 진우는 혜성이보다 구슬을 몇 개 더 가지고 있습니까?

식   답   개

03 주차장에 검은색 자동차 3대, 흰색 자동차 2대, 회색 자동차 4대가 있습니다. 주차장에 있는 자동차는 모두 몇 대입니까?

식   답   대

04 바구니에 사탕이 9개 있습니다. 동생이 사탕 4개를 가져가고, 형이 사탕 1개를 가져갔습니다. 바구니에 남은 사탕은 몇 개입니까?

식   답   개

잠시
쉬어가요

$$2 \quad 3 \quad 6$$
$$5 \quad 4 \quad 2$$

9까지의 수를 가르고 모으기

가르기 모으기로
덧셈, 뺄셈을 준비!

$$3+2=5 \qquad \begin{array}{r} 6 \\ +\ 2 \\ \hline 8 \end{array}$$

9까지 수의 덧셈

9까지의 수로
덧셈을 시작

$$7-5=2 \qquad \begin{array}{r} 9 \\ -\ 4 \\ \hline 5 \end{array}$$

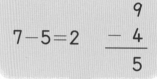

9까지 수의 뺄셈

9까지의 수로
뺄셈을 시작

$$5+3=8 \big< \begin{array}{l} 8-3=5 \\ 8-5=3 \end{array}$$

더하고 더하기, 빼고 빼기

세 수의 덧셈과
뺄셈까지 완성

덧셈과 뺄셈의 가까운 관계

덧셈과 뺄셈의 관계를
이용해서 빈칸 채우기 성공

$$2+4+1=7$$
$$8-3-2=3$$

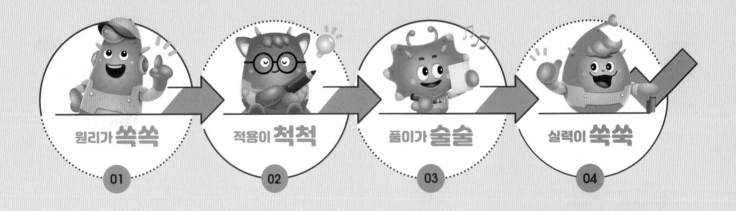

원리가 **쏙쏙** 01

적용이 **척척** 02

풀이가 **술술** 03

실력이 **쑥쑥** 04

2

100까지 수의 덧셈과 뺄셈

6 받아올림이 없는 (두 자리 수)+(한 자리 수)

두 자리 수를 포함한 덧셈은 일의 자리 수는 일의 자리 수끼리 더하고,
십의 자리 수는 십의 자리 수끼리 맞추어 더해요.

1 받아올림이 없는 (몇십)+(몇)

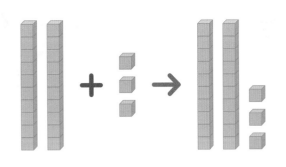

$$20 + 3 = 23$$

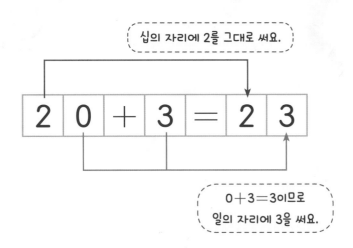

십의 자리에 2를 그대로 써요.

$$2\ 0\ +\ 3\ =\ 2\ 3$$

0+3=3이므로
일의 자리에 3을 써요.

2 받아올림이 없는 (몇십몇)+(몇)

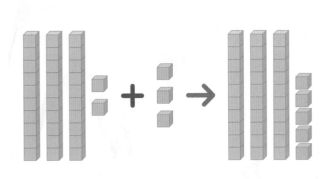

$$32 + 3 = 35$$

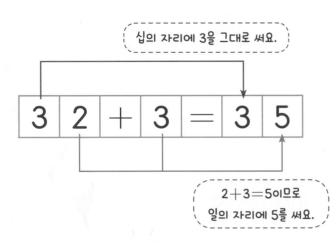

십의 자리에 3을 그대로 써요.

$$3\ 2\ +\ 3\ =\ 3\ 5$$

2+3=5이므로
일의 자리에 5를 써요.

수 모형 그림을 보고
덧셈을 해 보세요.

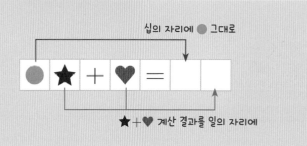

십의 자리에 ● 그대로

● ★ + ♥ = ☐ ☐

★ + ♥ 계산 결과를 일의 자리에

---

01 20+6 계산하기

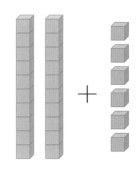

| 2 | 0 | + | 6 | = | | |

02 60+5 계산하기

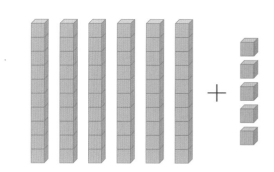

| 6 | 0 | + | | = | | |

---

03 45+4 계산하기

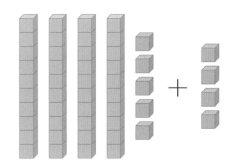

| 4 | 5 | + | 4 | = | | |

04 74+3 계산하기

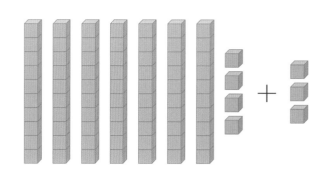

| 7 | 4 | + | | = | | |

세로셈으로 덧셈하기 1

(몇십)+(몇), (몇)+(몇십)을

세로셈으로 해 보세요.

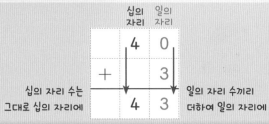

십의 자리	일의 자리
4	0
+	3
4	3

십의 자리 수는 그대로 십의 자리에

일의 자리 수끼리 더하여 일의 자리에

01

```
    2 0
+     8
─────────
```

02

```
    4 0
+     2
─────────
```

03

```
    7 0
+     1
─────────
```

04

```
      7
+   4 0
─────────
```

05

```
      6
+   1 0
─────────
```

06

```
      3
+   3 0
─────────
```

더하는 순서를 바꾸어도 계산 방법은 같아요. 일의 자리 수끼리 더하여
일의 자리에, 십의 자리 수는 그대로 십의 자리에 내려 써요.

07

```
    5 0
+     6
─────────
```

08

```
    6 0
+     8
─────────
```

09

```
    9 0
+     9
─────────
```

10

```
    5 0
+     4
─────────
```

11

```
      7
+   6 0
─────────
```

12

```
    8 0
+     6
─────────
```

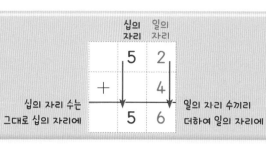
01
```
    1 3
+     6
─────────
```

02
```
    4 5
+     1
─────────
```

03
```
    3 1
+     2
─────────
```

04
```
      6
+   5 3
─────────
```

05
```
      3
+   2 3
─────────
```

06
```
      4
+   8 5
─────────
```

07
```
    4 2
+     3
─────────
```

08
```
    9 1
+     3
─────────
```

09
```
    9 3
+     5
─────────
```

10
```
    7 2
+     5
─────────
```

11
```
      6
+   3 2
─────────
```

12
```
    6 6
+     1
─────────
```

받아올림이 없는 (몇십)+(몇), (몇십몇)+(몇)을
가로셈으로 해 보세요.

01 $30+2=$ ▢▢

02 $20+3=$

03 $40+1=$

04 $5+40=$ ▢▢

05 $4+40=$

06 $5+20=$

07 $10+6=$

08 $30+6=$

09 $5+60=$

10 $4+70=$

11 $80+1=$

12 $6+20=$

13 $50+6=$

14 $10+9=$

15 $4+90=$

16 $33+2=$ [   ] $\quad$ 3+2

17 $11+8=$

18 $22+5=$

19 $1+43=$

20 $2+71=$

21 $2+35=$

22 $71+4=$

23 $45+4=$

24 $2+27=$

25 $86+2=$

26 $3+63=$

27 $24+1=$

28 $3+83=$

29 $2+91=$

30 $57+2=$

31 $63+5=$

32 $71+6=$

33 $3+52=$

34 $12+7=$

35 $1+33=$

36 $63+6=$

덧셈표 완성하기

가로칸의 수와 세로칸의 수를 더하여
덧셈표 안의 빈칸을 채워 넣으세요.

+	↓10	20
2 →	10 + 2	20 + 2 →

01

+	10	30	70
3			
7			
1			

02

+	2	8	6
20			
40			
50			

03

+	5	9	4
60			
90			
80			

04

+	30	50	90
3			
8			
4			

05

+	12	53	65
3			
2			
4			

06

+	22	81	64
5			
1			
4			

07

+	6	5	7
91			
72			
80			

08

+	2	5	4
31			
44			
54			

09

+	66	95	24
3			
2			

10

+	6	8	5
51			
61			

7 받아올림이 없는 (두 자리 수)+(두 자리 수)

두 자리 수와 두 자리 수의 덧셈은 일의 자리 수끼리,
십의 자리 수끼리 더하고 각각 자리에 맞게 써요.

1 받아올림이 없는 (몇십)+(몇십)

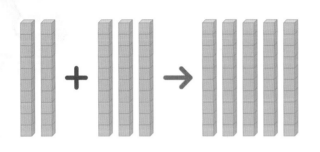

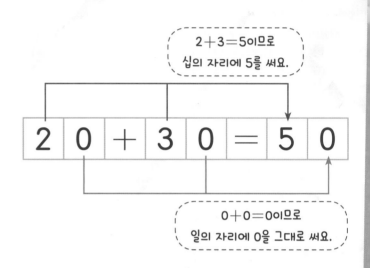

2+3=5이므로
십의 자리에 5를 써요.

0+0=0이므로
일의 자리에 0을 그대로 써요.

$$20 + 30 = 50$$

2 받아올림이 없는 (몇십몇)+(몇십몇)

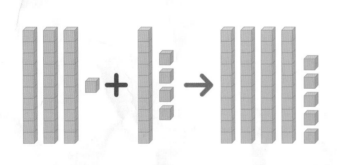

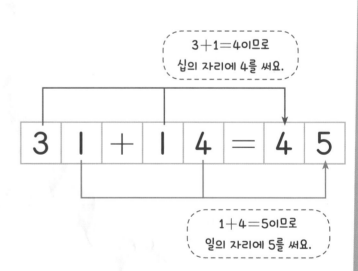

3+1=4이므로
십의 자리에 4를 써요.

1+4=5이므로
일의 자리에 5를 써요.

$$31 + 14 = 45$$

수 모형 그림을 보고
덧셈을 해 보세요.

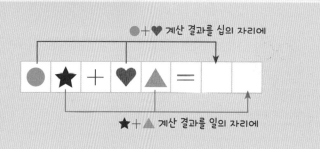

●+♥ 계산 결과를 십의 자리에

| ● | ★ | + | ♥ | ▲ | = | | |

★+▲ 계산 결과를 일의 자리에

01 40+30 계산하기

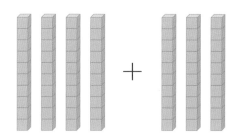

| 4 | 0 | + | 3 | 0 | = | | |

02 10+50 계산하기

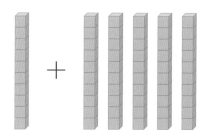

| 1 | 0 | + | | | = | | |

03 25+43 계산하기

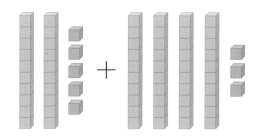

| 2 | 5 | + | 4 | 3 | = | | |

04 62+17 계산하기

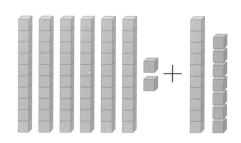

| 6 | 2 | + | | | = | | |

세로셈으로 덧셈하기 1

(몇십)＋(몇십)을 세로셈으로 해 보세요.

	십의 자리	일의 자리
	2	0
＋	3	0
	5	0

십의 자리는 2＋3＝5

일의 자리는 0＋0＝0이므로 0을 그대로 써요.

01

	3	0
＋	3	0

02

	1	0
＋	4	0

03

	7	0
＋	1	0

04

	1	0
＋	2	0

05

	6	0
＋	1	0

06

	3	0
＋	2	0

07

	2	0
＋	7	0

08

	3	0
＋	1	0

09

	4	0
＋	3	0

10

	3	0
＋	5	0

11

	5	0
＋	2	0

12

	4	0
＋	5	0

세로셈으로 덧셈하기 2

(몇십몇)+(몇십몇)을 세로셈으로 해 보세요.

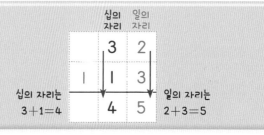

01
```
    1 3
+   2 6
―――――――
```

02
```
    1 7
+   3 0
―――――――
```

03
```
    8 1
+   1 2
―――――――
```

04
```
    3 3
+   4 6
―――――――
```

05
```
    7 2
+   2 5
―――――――
```

06
```
    5 4
+   3 1
―――――――
```

07
```
    4 3
+   3 2
―――――――
```

08
```
    4 3
+   5 2
―――――――
```

09
```
    6 5
+   2 3
―――――――
```

10
```
    4 1
+   2 6
―――――――
```

11
```
    6 5
+   1 3
―――――――
```

12
```
    2 1
+   3 1
―――――――
```

 받아올림이 없는 (몇십)+(몇십), (몇십몇)+(몇십몇)을
가로셈으로 해 보세요.

01 $30+40=$ [3+4 |]

02 $20+20=$

03 $10+60=$

04 $30+50=$

05 $30+20=$

06 $50+20=$

07 $30+30=$

08 $40+40=$

09 $20+70=$

10 $40+10=$

11 $80+10=$

12 $60+20=$

13 $50+10=$

14 $10+30=$

15 $10+70=$

16 $53+24=$ ⬚⬚ (5+2) (3+4)

17 $26+53=$

18 $21+25=$

19 $16+43=$

20 $23+61=$

21 $51+34=$

22 $26+42=$

23 $64+13=$

24 $44+44=$

25 $33+11=$

26 $20+16=$

27 $14+50=$

28 $38+61=$

29 $22+41=$

30 $23+55=$

31 $17+31=$

32 $75+14=$

33 $12+83=$

34 $21+24=$

35 $23+61=$

덧셈표 완성하기

가로칸의 수와 세로칸의 수를 더하여
덧셈표 안의 빈칸을 채워 넣으세요.

+	↓12	23
→34	12+34	23+34

01

+	10	30	62
20			
15			
30			

02

+	42	11	26
23			
52			
40			

03

+	47	71	15
10			
20			
12			

04

+	50	26	44
32			
40			
11			

가로셈과 세로셈

두 수를 가로셈과 세로셈으로 각각 더하여
빈칸에 알맞은 수를 써넣으세요.

01

20	50	
	40	

02

43	25	
	64	

03

70		
13	61	

04

17		
51	28	

05

12	13	
31		

06

22	33	
20		

8 받아내림이 없는 (두 자리 수)−(한 자리 수)

두 자리 수에서 한 자리 수를 뺄 때에는 일의 자리 수끼리 계산을 하고,
십의 자리 수는 그대로 써요.

1 받아내림이 없는 (몇십몇)−(몇)

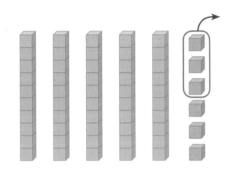

십의 자리에 5를 그대로 써요.

| 5 | 6 | − | 3 | = | 5 | 3 |

6−3=3이므로
일의 자리에 3을 써요.

$$56 - 3 = 53$$

2 뺄셈의 순서

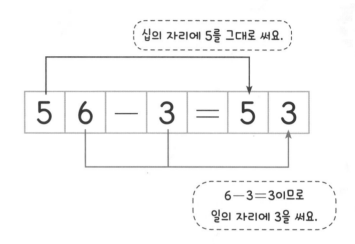

덧셈

$$23 + 2 = 25$$
$$2 + 23 = 25$$

덧셈은 두 수의 순서를 바꾸어
더하여도 계산 결과가 같아요.

뺄셈

$$56 - 3 = 53$$

두 수의 순서를 바꿀 수 없어요!

$$3 - 56 = ?$$

계산할 수 없어요!

뺄셈은 두 수의 '차'를 구하는 것으로,
(큰 수)−(작은 수)를 하여 큰 수와 작은 수의 차이가
얼마인지를 구하는 것임을 꼭 기억해요.
즉, 뺄셈은 두 수의 순서를 바꾸어 계산하면 안 돼요.

수 모형 그림을 보고
뺄셈을 해 보세요.

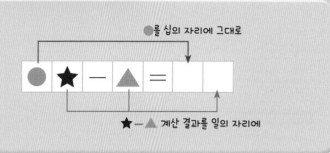

●를 십의 자리에 그대로

● ★ — ▲ = □ □

★ — ▲ 계산 결과를 일의 자리에

01 45 — 3 계산하기

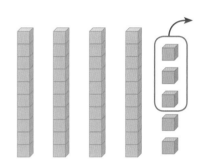

| 4 | 5 | — | 3 | = | | |

02 67 — 6 계산하기

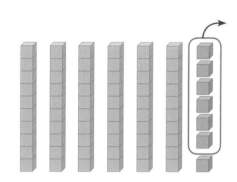

| 6 | 7 | — | 6 | = | | |

뺄셈을 가로셈으로 쓰고 계산하기

01

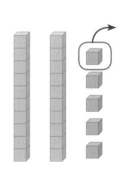

| | | — | | = | | |

02

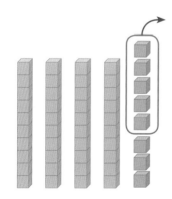

| | | — | | = | | |

세로셈으로 뺄셈하기 1

(몇십몇)－(몇)을 세로셈으로
해 보세요.

	십의 자리	일의 자리
	4	5
－		3
	4	2

십의 자리는 4를 그대로 　일의 자리는 5－3＝2

01

```
    3  6
 -     4
```

02

```
    1  7
 -     5
```

03

```
    4  4
 -     2
```

04

```
    1  6
 -     3
```

05

```
    6  6
 -     5
```

06

```
    2  7
 -     1
```

07

```
    9  3
 -     2
```

08

```
    7  8
 -     4
```

09

```
    5  8
 -     3
```

10

```
    6  8
 -     2
```

11

```
    8  9
 -     6
```

12

```
    5  2
 -     1
```

13

```
    4 9
  -   9
  ─────
```

14

```
    6 6
  -   2
  ─────
```

15

```
    7 9
  -   4
  ─────
```

16

```
    8 3
  -   2
  ─────
```

17

```
    5 9
  -   4
  ─────
```

18

```
    9 5
  -   1
  ─────
```

19

```
    8 9
  -   7
  ─────
```

20

```
    7 6
  -   6
  ─────
```

21

```
    3 9
  -   2
  ─────
```

22

```
    2 5
  -   4
  ─────
```

23

```
    6 4
  -   1
  ─────
```

24

```
    9 8
  -   6
  ─────
```

받아내림이 없는 (몇십몇)−(몇)을
가로셈으로 해 보세요.

01   24−1 = ☐☐

$4-1$

02   35−2 =

03   46−2 =

04   75−1 =

05   51−1 =

06   19−3 =

07   27−4 =

08   89−2 =

09   73−3 =

10   87−5 =

11   68−4 =

12   95−3 =

13   98−7 =

14   56−1 =

15   39−5 =

16 66−3=

17 75−3=

18 64−1=

19 99−7=

20 17−4=

21 38−4=

22 23−3=

23 48−7=

24 56−2=

25 27−5=

26 44−1=

27 95−3=

28 86−4=

29 77−3=

30 29−5=

31 49−8=

32 59−4=

33 64−3=

34 69−2=

35 28−3=

36 13−3=

뺄셈표 완성하기

가로칸의 수에서 세로칸의 수를 빼어
뺄셈표 안의 빈칸을 채워 넣으세요.

−	↓44	27
3	44 − 3	27 − 3

01

−	25	35	45
3			
2			
1			

02

−	19	68	37
7			
5			
3			

03

−	83	75	67
3			

04

−	29	49	56
5			

05

−	77	64	85
2			

06

−	58	36	49
6			

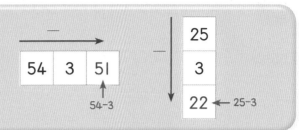

01

46

65 4

02

56

25 5

03

87

36 3

04

47

78 6

05

97

28 7

06

38

93 2

9 받아내림이 없는 (두 자리 수)−(두 자리 수)

두 자리 수에서 두 자리 수를 뺄 때에는 일의 자리 수끼리,
십의 자리 수끼리 계산한 결과를 각 자리 수에 맞추어 써요.

1 받아내림이 없는 (몇십)−(몇십)

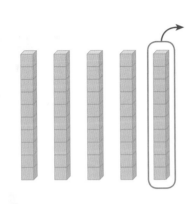

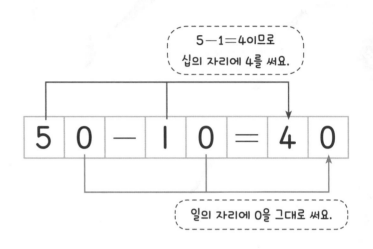

5−1=4이므로
십의 자리에 4를 써요.

$$5\ 0\ -\ 1\ 0\ =\ 4\ 0$$

일의 자리에 0을 그대로 써요.

$$50 - 10 = 40$$

2 받아내림이 없는 (몇십몇)−(몇십몇)

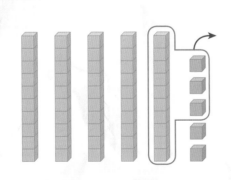

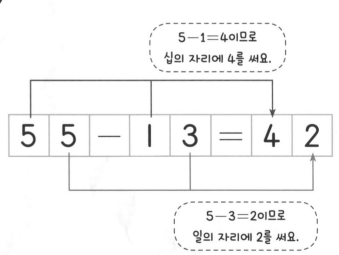

5−1=4이므로
십의 자리에 4를 써요.

$$5\ 5\ -\ 1\ 3\ =\ 4\ 2$$

5−3=2이므로
일의 자리에 2를 써요.

$$55 - 13 = 42$$

수 모형 그림을 보고
뺄셈을 해 보세요.

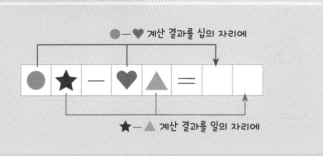

---

01 60−50 계산하기

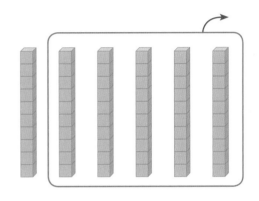

| 6 | 0 | − | 5 | 0 | = | | |

02 그림을 보고 뺄셈식을 쓰고 계산하기

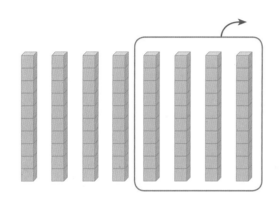

| 8 | 0 | − | | | = | | |

---

03 76−43 계산하기

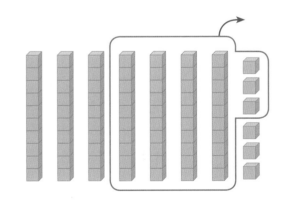

| 7 | 6 | − | 4 | 3 | = | | |

04 그림을 보고 뺄셈식을 쓰고 계산하기

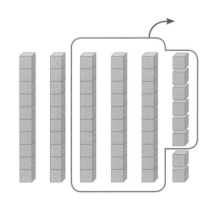

| 5 | 8 | − | | | = | | |

세로셈으로 뺄셈하기 1

(몇십) − (몇십)을
세로셈으로 해 보세요.

	십의 자리	일의 자리
	4	0
−	2	0
	2	0

십의 자리는 4−2=2
이므로 2를 써요.

일의 자리는
0 그대로

01

	3	0
−	1	0

02

	4	0
−	3	0

03

	6	0
−	2	0

04

	7	0
−	3	0

05

	5	0
−	2	0

06

	6	0
−	4	0

07

	4	0
−	2	0

08

	8	0
−	4	0

09

	9	0
−	6	0

10

	8	0
−	7	0

11

	7	0
−	1	0

12

	9	0
−	1	0

세로셈으로 뺄셈하기 2

(몇십몇)−(몇십몇)을
세로셈으로 해 보세요.

십의 자리는 6-1=5
이므로 5를 써요.

일의 자리는 5-2=3
이므로 3을 써요.

01
```
  3 5
−   1 1
─────
```

02
```
  4 5
−   3 2
─────
```

03
```
  7 8
−   5 6
─────
```

두 수의 십의 자리 수가 6으로 같아 6−6＝0일 때,
십의 자리에는 0을 쓰지 않아요.

04
```
  6 5
−   6 3
─────
```

05
```
  5 9
−   5 3
─────
```

06
```
  4 8
−   4 1
─────
```

07
```
  9 6
−   5 5
─────
```

08
```
  8 4
−   7 2
─────
```

09
```
  7 9
−   2 4
─────
```

10
```
  8 7
−   1 3
─────
```

11
```
  6 5
−   2 3
─────
```

12
```
  9 9
−   3 2
─────
```

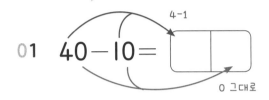

받아내림이 없는 (몇십)−(몇십), (몇십몇)−(몇십몇)을
가로셈으로 해 보세요.

01 40−10= [ ][ ]

4−1

0 그대로

02 50−20=　　　03 60−20=

04 70−10=　　　05 90−40=　　　06 60−30=

07 70−40=　　　08 80−20=　　　09 70−30=

10 80−50=　　　11 50−40=　　　12 60−10=

13 90−70=　　　14 60−50=　　　15 90−20=

16 $54-23=$ $\boxed{}$
  5-2
  4-3

17 $66-22=$

18 $74-51=$

19 $63-23=$

20 $95-42=$

21 $46-45=$

22 $58-41=$

23 $29-25=$

24 $78-48=$

25 $95-93=$

26 $67-21=$

27 $87-30=$

28 $44-11=$

29 $76-34=$

30 $56-43=$

31 $79-15=$

32 $54-20=$

33 $83-12=$

34 $29-17=$

35 $97-25=$

뺄셈표 완성하기

가로칸의 수에서 세로칸의 수를 빼어
뺄셈표 안의 빈칸을 채워 넣으세요.

−	64	35
22	64 − 22	35 − 22

01

−	50	60	70
40			
30			
20			

02

−	99	89	79
66			
55			
44			

03

−	64	94	34
24			

04

−	65	48	72
30			

05

−	37	26	75
23			

06

−	77	85	59
55			

두 수의 차 구하기

빼셈을 이용하여 두 수의 차를 구하여
빈 곳에 써넣으세요.

88 43
45 ← 88 - 43

01 70 60

02 58 24

03 49 36

04 60 50

05 29 26

06 89 41

07 52 30

08 67 12

▶ **가장 큰 수와 가장 작은 수를 만들어 봐요**
주어진 수 카드를 이용하여 두 자리의 가장 큰 수와 가장 작은 수를
만들고 두 수의 합 또는 차를 구해 보세요.

01 | 2 | 1 | 7 | 5 |

• 가장 큰 수 ☐☐
• 가장 작은 수 ☐☐

두 수의 합 →

$$\begin{array}{r} \square\square \\ +\ \square\square \\ \hline \square\square \end{array}$$

02 | 3 | 4 | 0 | 8 |

• 가장 큰 수 ☐☐
• 가장 작은 수 ☐☐

두 수의 차 →

$$\begin{array}{r} \square\square \\ -\ \square\square \\ \hline \square\square \end{array}$$

03 | 6 | 1 | 9 | 3 |

• 가장 큰 수 ☐☐
• 가장 작은 수 ☐☐

두 수의 차 →

$$\begin{array}{r} \square\square \\ -\ \square\square \\ \hline \square\square \end{array}$$

01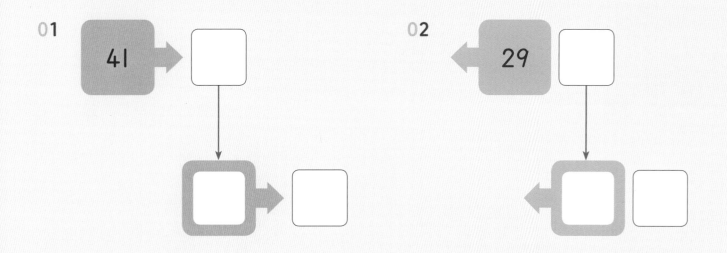

41 ▶

02

◀ 29

📍출발!

03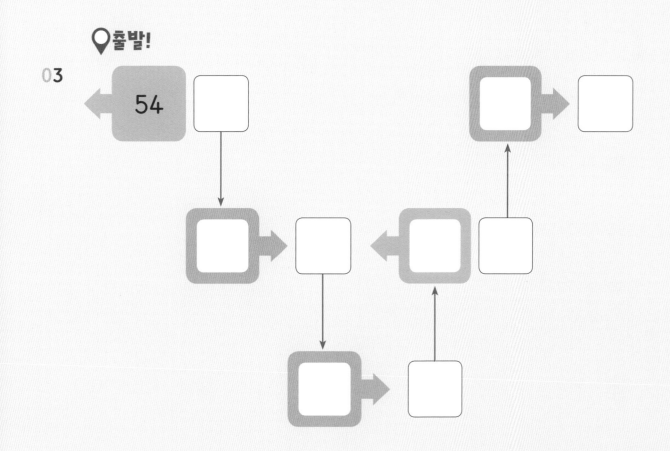

◀ 54

▶ 문장의 뜻을 이해하며 식을 세워 봐요
이야기 속에 주어진 조건을 생각하며 덧셈식 또는 뺄셈식을 세우고
답을 구해 보세요.

 문장제

01 삼촌의 나이는 32살 입니다. 3년 후에 삼촌의 나이는 몇 살입니까?

식   답   살

02 58개의 양초에 불을 붙여 세워 놓았습니다. 바람이 불어 7개 양초의 불이
    꺼졌습니다. 불이 켜진 양초는 모두 몇 개입니까?

식   답   개

03 과일 상자에 사과가 26개 들어 있고, 귤이 63개 들어 있습니다. 과일 상자 안에
    있는 사과와 귤은 모두 몇 개입니까?

식   답   개

04 지훈이는 책을 75쪽 읽고, 세영이는 61쪽 읽었습니다. 지훈이는 세영이보다 몇 쪽
    더 읽었습니까?

식   답   쪽

잠시
쉬어 가요

$$30 + 2 = 32$$
$$23 + 5 = 28$$

**받아올림이 없는
(몇십)+(몇십), (몇십몇)+(몇십몇)**

십의 자리 수끼리 더하고,
일의 자리 수끼리 더해요.

**받아올림이 없는
(몇십)+(몇), (몇십몇)+(몇)**

십의 자리 수는 그대로,
일의 자리 수끼리 더해요.

$$10 + 20 = 30 \qquad \begin{array}{r} 24 \\ +\ 51 \\ \hline 75 \end{array}$$

$$73 - 1 = 72 \qquad \begin{array}{r} 67 \\ -\ \ 4 \\ \hline 63 \end{array}$$

$$60 - 30 = 30 \qquad \begin{array}{r} 48 \\ -\ 25 \\ \hline 23 \end{array}$$

**받아내림이 없는
(몇십몇)−(몇)**

십의 자리 수는 그대로,
일의 자리 수끼리 빼요.

**받아내림이 없는
(몇십)−(몇십), (몇십몇)−(몇십몇)**

십의 자리 수끼리 빼고,
일의 자리 수끼리 빼요.

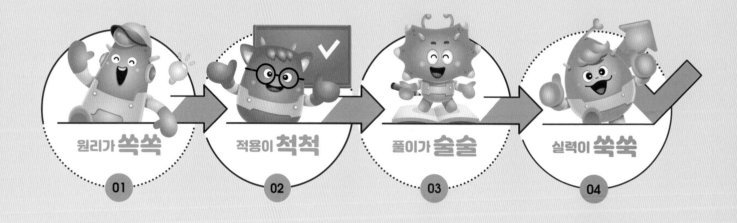

원리가 **쏙쏙** 01

적용이 **척척** 02

풀이가 **술술** 03

실력이 **쑥쑥** 04

3

덧셈구구와 뺄셈구구

10이 되는 더하기, 10에서 빼기

앞으로 배우게 될 받아올림이 있는 덧셈과 받아내림이 있는 뺄셈을 하기 위한
준비로 10을 이용한 더하기와 빼기를 배울 거예요.

1 10을 가르고 모으기

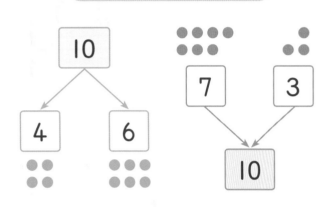

2 10이 되는 더하기, 10에서 빼기

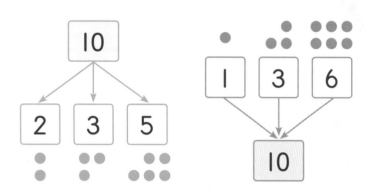

$$7 + \boxed{}^{\,3} = 10$$

7과 3을 모으면 10이 되는 것을 이용하여
10이 되는 더하기를 할 수 있어요.

$$10 - \boxed{}^{\,6} = 4$$

10을 6과 4로 가르기 하는 것을 이용하여
10에서 빼기를 할 수 있어요.

그림을 보며 10을 가르고 모아 보고,
10이 되는 더하기와 10에서 빼기를 해 보세요.

01 10을 두 수로 가르고 모으기

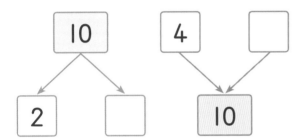

02 10을 세 수로 가르고 모으기

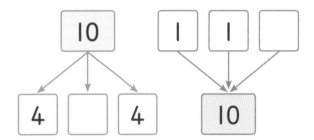

03 10이 되는 더하기

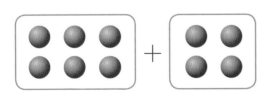

$$6 + \boxed{} = 10$$

04 10에서 빼기

$$10 - \boxed{} = 6$$

10을 가르고 모으기

10을 두 수 또는 세 수로 가르고 모으기 해 보세요.

01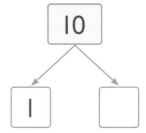

02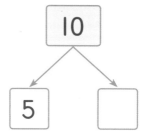

03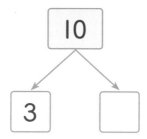

04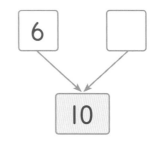

05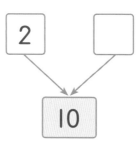

06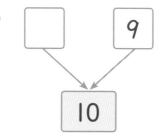

07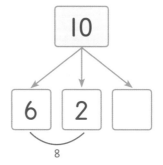

08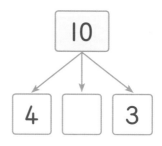

09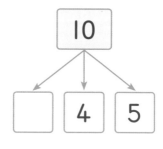

10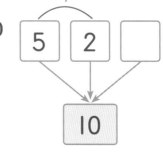

11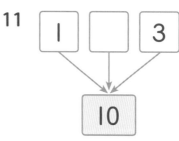

12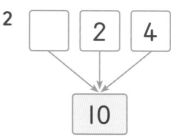

10을 가르고 모으기 하여
표의 빈 곳을 채워 넣으세요.

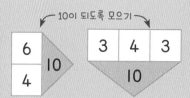

01

10	3		2		4		7	
		1		5		9		

02

9		3			1		10
	6		5	2		4	

03

10

2	3	
3		1
	2	2
3		3
5	4	

04

2	4	
	5	4
3	1	
	2	5
7		1

10

모으기 하여 10이 되는 수를 이용하여
10이 되는 더하기를 하고, ☐ 안에
알맞은 수를 써넣으세요.

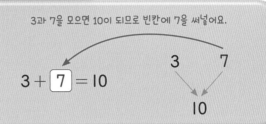

3과 7을 모으면 10이 되므로 빈칸에 7을 써넣어요.

$$3 + \boxed{7} = 10$$

01 $1 + \boxed{} = 10$

02 $\boxed{} + 2 = 10$

03 $9 + \boxed{} = 10$

04 $5 + \boxed{} = 10$

05 $\boxed{} + 4 = 10$

06 $3 + \boxed{} = 10$

07 $8 + \boxed{} = 10$

08 $\boxed{} + 7 = 10$

09 $\boxed{} + 5 = 10$

10 $6 + \boxed{} = 10$

11 $2 + \boxed{} = 10$

12 $\boxed{} + 1 = 10$

13 $\boxed{} + 3 = 10$

14 $4 + \boxed{} = 10$

15 $\boxed{} + 9 = 10$

10을 가르는 것을 이용하여 10에서 빼기를 하고,
☐ 안에 알맞은 수를 써넣으세요.

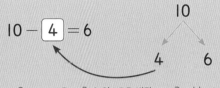

$10 - \boxed{4} = 6$

10은 4와 6으로 가를 수 있으므로 빈칸에 4를 써넣어요.

01 $10 - 4 = \boxed{}$

02 $10 - 1 = \boxed{}$

03 $10 - \boxed{} = 9$

04 $10 - \boxed{} = 2$

05 $10 - \boxed{} = 4$

06 $10 - \boxed{} = 5$

07 $10 - \boxed{} = 6$

08 $10 - 2 = \boxed{}$

09 $10 - \boxed{} = 0$

10 $10 - \boxed{} = 1$

11 $10 - \boxed{} = 8$

12 $10 - 3 = \boxed{}$

13 $10 - \boxed{} = 7$

14 $10 - \boxed{} = 3$

15 $10 - 6 = \boxed{}$

가르기와 모으기를 이용하여
더해서 10이 되는 덧셈과
10에서 빼는 뺄셈을 하세요.

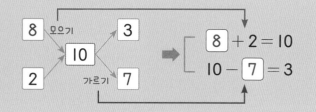

01

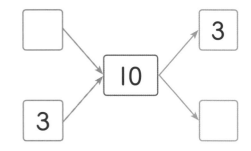

$$\boxed{} + 3 = 10$$

$$10 - \boxed{} = 3$$

02

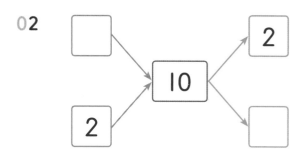

$$\boxed{} + 2 = 10$$

$$10 - \boxed{} = 2$$

03

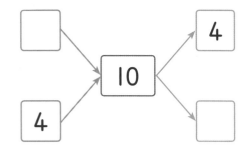

$$\boxed{} + 4 = 10$$

$$10 - \boxed{} = 4$$

04

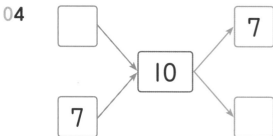

$$\boxed{} + 7 = 10$$

$$10 - \boxed{} = 7$$

05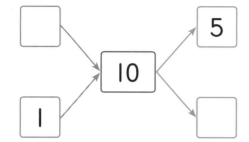

➡️ $\boxed{} + 1 = 10$

$10 - \boxed{} = 5$

06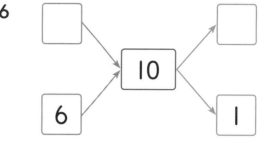

➡️ $\boxed{} + 6 = 10$

$10 - \boxed{} = 1$

07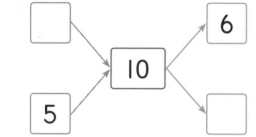

➡️ $\boxed{} + 5 = 10$

$10 - \boxed{} = 6$

08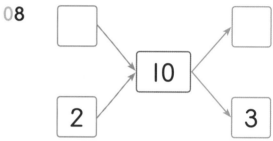

➡️ $\boxed{} + 2 = 10$

$10 - \boxed{} = 3$

09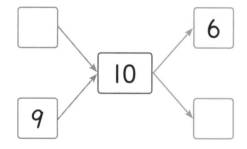

➡️ $\boxed{} + 9 = 10$

$10 - \boxed{} = 6$

10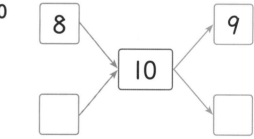

➡️ $\boxed{} + 8 = 10$

$10 - \boxed{} = 9$

10을 만들어 세 수의 덧셈, 뺄셈 하기

세 수의 덧셈과 뺄셈에서는 10이 되는 두 수를 찾아 먼저 계산해요.

1 세 수의 덧셈 – 합이 10이 되는 두 수 찾기

$$3 + 7 + 5 = 15$$
10
15

$$3 + 5 + 7 = 15$$
10
15

$$5 + 7 + 3 = 15$$
10
15

> 세 수의 덧셈은 수의 순서를 바꾸어 계산해도 결과는 같으므로
> 더해서 10이 되는 두 수를 먼저 계산하고 나머지 수를 더해요.

2 세 수의 뺄셈 – 차가 10이 되는 두 수 찾기

$$15 - 5 - 7 = 3$$
10
3

$$13 - 3 - 8 = 2$$
10
2

> 세 수의 뺄셈은 뒤의 두 수를 먼저 계산할 수 없어요.
> 따라서 앞에서부터 차례로 두 수씩 계산해요.

계산 순서에 맞추어 세 수의 덧셈, 뺄셈을 해 보세요.

01 2+8+4 계산하기

$$2 + 8 + 4 = \boxed{}$$

10

$\boxed{}$

02 6+3+7 계산하기

$$6 + 3 + 7 = \boxed{}$$

$\boxed{}$

$\boxed{}$

03 14−4−5 계산하기

$$14 - 4 - 5 = \boxed{}$$

10

$\boxed{}$

04 12−2−4 계산하기

$$12 - 2 - 4 = \boxed{}$$

$\boxed{}$

$\boxed{}$

합이 10이 되는 두 수를 먼저 계산하고
나머지 수와 덧셈을 해 보세요.

$$2 + 8 + 3$$
$$\boxed{10} + 3 = \boxed{13}$$

01 $4 + 6 + 4$

$\boxed{} + 4 = \boxed{}$

02 $1 + 9 + 2$

$\boxed{} + 2 = \boxed{}$

03 $3 + 5 + 5$

$3 + \boxed{} = \boxed{}$

04 $6 + 8 + 2$

$6 + \boxed{} = \boxed{}$

05 $7 + 1 + 3$

$\boxed{} + 1 = \boxed{}$

06 $6 + 8 + 4$

$\boxed{} + 8 = \boxed{}$

07 $9 + 1 + 6$

$\boxed{} + 6 = \boxed{}$

08 $5 + 3 + 7$

$5 + \boxed{} = \boxed{}$

차가 10이 되는 두 수를 먼저 계산하고
나머지 수와 뺄셈을 해 보세요.

$13 - 3 - 5$

$\boxed{10} - 5 = \boxed{5}$

01 $12 - 2 - 1$

$\boxed{} - 1 = \boxed{}$

02 $11 - 1 - 9$

$\boxed{} - 9 = \boxed{}$

03 $16 - 6 - 7$

$\boxed{} - 7 = \boxed{}$

04 $17 - 7 - 5$

$\boxed{} - 5 = \boxed{}$

05 $14 - 4 - 3$

$\boxed{} - \boxed{} = \boxed{}$

06 $15 - 5 - 2$

$\boxed{} - \boxed{} = \boxed{}$

07 $19 - 9 - 4$

$\boxed{} - \boxed{} = \boxed{}$

08 $18 - 8 - 6$

$\boxed{} - \boxed{} = \boxed{}$

세 수의 덧셈, 뺄셈을 순서에 맞게 해 보세요.

01   4+6+8=
$\underset{10}{\vee}$

02   3+1+9=
$\underset{10}{\vee}$

03   5+2+5=
$\underset{10}{\vee}$

04   8+2+1=
$\vee$

05   3+7+2=
$\vee$

06   5+6+4=
$\vee$

07   7+5+5=

08   4+8+2=

09   4+9+1=

10   7+2+3=

11   4+3+6=

12   8+5+5=

13   3+2+8=

14   3+7+8=

15   3+6+7=

16 $15-5-3=$

     $\underset{10}{\vee}$

17 $18-8-1=$

18 $16-6-2=$

19 $13-3-6=$

20 $15-5-4=$

21 $11-1-3=$

22 $17-7-7=$

23 $14-4-2=$

24 $18-8-6=$

25 $19-9-6=$

26 $12-2-5=$

27 $17-7-1=$

28 $16-6-9=$

29 $13-3-8=$

30 $15-5-6=$

31 $14-4-8=$

32 $4+6+6=$

33 $3+7+5=$

34 $8+8+2=$

35 $19-9-5=$

36 $18-8-9=$

세로셈 덧셈표 완성하기

세로셈으로 되어 있는 세 수의 덧셈을

순서에 맞게 계산하며 빈칸을 채워 넣으세요.

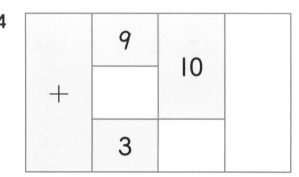

01

	4		
+	6		
	5	5	

02

	8		
+	2		
	3	3	

03

3과 더해서 10이 되는 수

		10	
+	3		
	6	6	

04

	9	10	
+			
	3		

05

		10	
+	5		
	6		

06

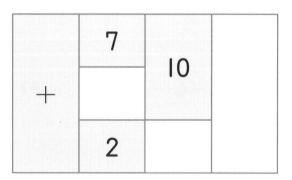

	7	10	
+			
	2		

07

	8	10	
+			
	7		

08

	1	10	
+			
	9		

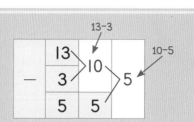

01

−	15		
	5		
	3	3	

02

−	16		
	6		
	1	1	

03

19에서 빼면 10이 되는 수

−	19	10	
	5		

04

−	11	10	
	6		

05

−	12		
	2		
	5	5	

06

−	14		
	4		
	7	7	

07

−	13		
	3		
	4		

08

−	18		
	8		
	7		

12 받아올림이 있는 (한 자리 수)+(한 자리 수)

두 수의 합이 10이 넘는 덧셈은
두 수 중 하나를 10으로 만들어 계산해요.

1 더하는 수(뒤의 수)를 가르기

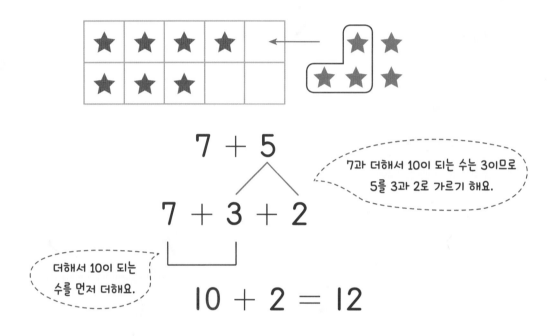

$$7 + 5$$

$$7 + 3 + 2$$

7과 더해서 10이 되는 수는 3이므로
5를 3과 2로 가르기 해요.

더해서 10이 되는
수를 먼저 더해요.

$$10 + 2 = 12$$

2 더해지는 수(앞의 수)를 가르기

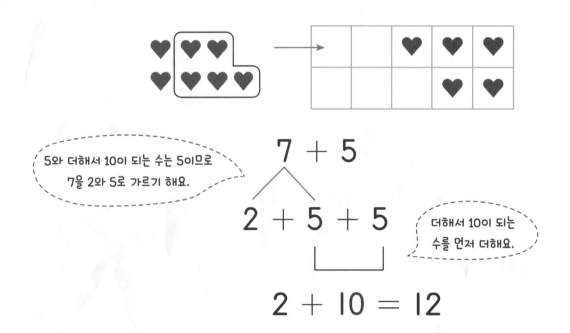

$$7 + 5$$

5와 더해서 10이 되는 수는 5이므로
7을 2와 5로 가르기 해요.

$$2 + 5 + 5$$

더해서 10이 되는
수를 먼저 더해요.

$$2 + 10 = 12$$

그림을 보고 10을 만들어
덧셈을 해 보세요.

더해서 10이 되는 두 수

1	2	3	4	5	6	7	8	9
9	8	7	6	5	4	3	2	1

01   $6+7=$ ☐ — 뒤의 수를 가르기

$$6 + 7$$

6과 더해서
10이 되는 수를
얻기 위해서 7을
가르기 해요.

$$6 + ☐ + 3$$

$$☐ + 3 = ☐$$

02   $8+6=$ ☐ — 뒤의 수를 가르기

$$8 + 6$$

$$8 + ☐ + 4$$

$$☐ + ☐ = ☐$$

03   $9+4=$ ☐ — 앞의 수를 가르기

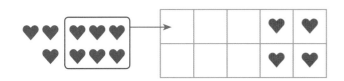

$$9 + 4$$

4와 더해서
10이 되는 수를
얻기 위해서 9를
가르기 해요.

$$3 + ☐ + 4$$

$$☐ + ☐ = ☐$$

04   $7+8=$ ☐ — 앞의 수를 가르기

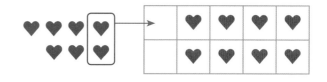

$$7 + 8$$

$$5 + ☐ + 8$$

$$5 + ☐ = ☐$$

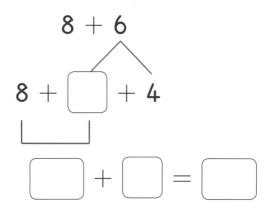
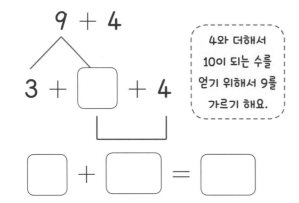
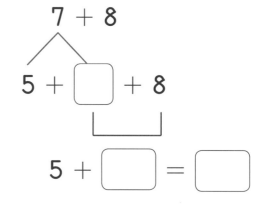

10 만들기
두 수 중 한 수를 가르고,
10이 되는 두 수를 묶어 보세요.

01  4 + 7

02 4 + 8

03 5 + 6

04 6 + 5

05 7 + 8

06 7 + 6

07 8 + 4

08 5 + 9

09 9 + 5

10 6 + 6

11 6 + 7

12 4 + 8

두 수 중 한 수를 가르고,
10이 되는 두 수를 묶어 계산하여,
답을 구해 보세요.

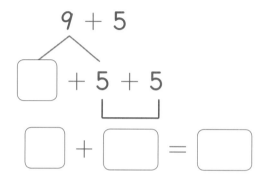

01

4 + 7

4 + 6 + ☐

☐ + ☐ = ☐

02

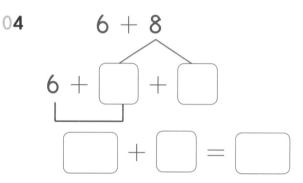

03

5 + 6

☐ + ☐ + 6

☐ + ☐ = ☐

04

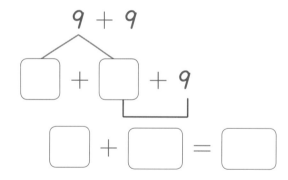

05

6 + 6

☐ + ☐ + 6

☐ + ☐ = ☐

06

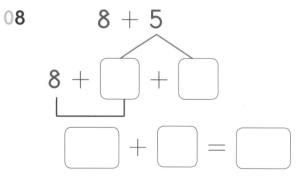

07

7 + 7

7 + ☐ + ☐

☐ + ☐ = ☐

08

8 + 5

8 + ☐ + ☐

☐ + ☐ = ☐

받아올림이 있는 (몇)+(몇)을 가로셈으로 해 보세요.

01 4+7=

10 6 1

02 7+4=

03 7+5=

04 8+6=

05 9+2=

06 9+7=

07 3+9=

08 4+8=

09 9+9=

10 9+3=

11 2+9=

12 7+6=

13 8+8=

14 4+9=

15 6+6=

16   8+7=

17   9+4=

18   6+9=

19   6+7=

20   3+8=

21   7+4=

22   5+7=

23   7+8=

24   5+8=

25   8+9=

26   7+9=

27   9+9=

28   8+4=

29   6+8=

30   8+5=

31   9+5=

32   8+3=

33   9+8=

34   7+7=

35   9+6=

36   5+9=

덧셈표 완성하기

가로칸의 수와 세로칸의 수를 더하여
덧셈표의 빈칸을 채워 넣으세요.

+	8	9
3	8+3	9+3

01

+	8	6	7
9			
5			
8			

02

+	9	8	7
2			
3			
4			

03

+	5	2	3
6			
9			
7			

04

+	4	8	6
9			
5			
6			

세로셈으로 덧셈하기

(몇)+(몇)을 세로셈으로 해 보세요.

01

```
      6
 +    8
-------
```

02

```
      7
 +    4
-------
```

03

```
      6
 +    6
-------
```

04

```
      5
 +    9
-------
```

05

```
      9
 +    4
-------
```

06

```
      8
 +    7
-------
```

07

```
      8
 +    9
-------
```

08

```
      2
 +    9
-------
```

09

```
      4
 +    8
-------
```

10

```
      7
 +    6
-------
```

11

```
      6
 +    9
-------
```

12

```
      9
 +    9
-------
```

13 받아내림이 있는 (두 자리 수) − (한 자리 수)

일의 자리끼리 뺄 수 없는 뺄셈은 10을 만들어 계산해요.

1 빼는 수(뒤의 수)를 몇과 몇으로 가르기

$$12 - 5$$

12에서 빼서 10이 되는 수는 2이므로
5를 2와 3으로 가르기 해요.

$$12 - 2 - 3$$

12에서 2를 먼저 빼고
남은 수 3을 빼요.

$$10 - 3 = 7$$

2 빼어지는 수(앞의 수)를 십과 몇으로 가르기

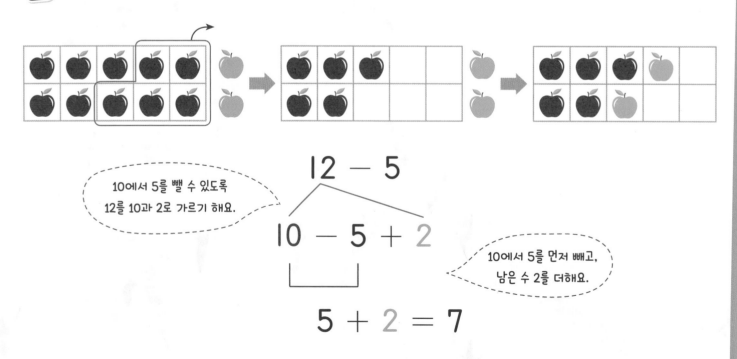

$$12 - 5$$

10에서 5를 뺄 수 있도록
12를 10과 2로 가르기 해요.

$$10 - 5 + 2$$

10에서 5를 먼저 빼고,
남은 수 2를 더해요.

$$5 + 2 = 7$$

그림을 보고 10을 만들어 뺄셈을 해 보세요.

(십)−(몇)

10−1=9	10−4=6	10−7=3
10−2=8	10−5=5	10−8=2
10−3=7	10−6=4	10−9=1

01 16−8=□ ― 뒤의 수를 가르기

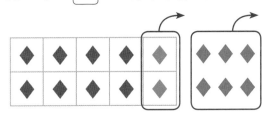

$$16 - 8$$

$$16 - 6 - \boxed{}$$

$$10 - \boxed{} = \boxed{}$$

02 12−9=□ ― 뒤의 수를 가르기

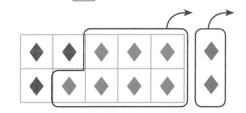

$$12 - 9$$

$$12 - \boxed{} - \boxed{}$$

$$10 - \boxed{} = \boxed{}$$

03 14−7=□ ― 앞의 수를 가르기

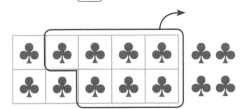

$$14 - 7$$

$$\boxed{} - 7 + 4$$

$$\boxed{} + 4 = \boxed{}$$

04 11−4=□ ― 앞의 수를 가르기

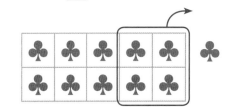

$$11 - 4$$

$$\boxed{} - 4 + 1$$

$$\boxed{} + \boxed{} = \boxed{}$$

10을 이용한 뺄셈을 하기 위해
두 수 중 한 수를 가르고, 먼저
계산해야 하는 두 수를 묶어 보세요.

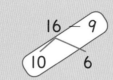

01 13 − 9

3

02 13 − 7

03 11 − 8

04 14 − 9
4

05 13 − 5

06 15 − 7

07 12 − 9

08 16 − 7

09 14 − 8

10 11 − 4

11 12 − 7

12 12 − 6

두 수 중 한 수를 가르고,
10을 이용한 뺄셈을 먼저 한 후
나머지 수와 계산해 보세요.

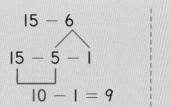

01 14 − 8

14 − 4 − ☐

☐ − ☐ = ☐

02 12 − 6

10 − 6 + ☐

☐ + ☐ = ☐

03 13 − 4

13 − ☐ − ☐

☐ − ☐ = ☐

04 11 − 8

☐ − 8 + ☐

☐ + ☐ = ☐

05 11 − 6

☐ − ☐ − ☐

☐ − ☐ = ☐

06 15 − 9

☐ − ☐ + ☐

☐ + ☐ = ☐

07 12 − 8

☐ − ☐ − ☐

☐ − ☐ = ☐

08 16 − 8

☐ − ☐ + ☐

☐ + ☐ = ☐

받아내림이 있는 (십몇)−(몇)을 가로셈으로 해 보세요.

01　11−7=

02　12−4=

03　11−8=

04　16−8=

05　14−7=

06　15−6=

07　16−7=

08　12−7=

09　13−9=

10　11−2=

11　17−8=

12　11−5=

13　13−5=

14　12−9=

15　14−6=

16 11−4=

17 14−5=

18 16−9=

19 17−9=

20 13−7=

21 12−3=

22 15−7=

23 11−9=

24 13−8=

25 18−9=

26 12−6=

27 11−6=

28 14−9=

29 13−6=

30 12−8=

31 11−3=

32 12−5=

33 14−8=

34 13−4=

35 12−6=

36 15−8=

빨셈표 완성하기

가로칸의 수에서 세로칸의 수를 빼어
빨셈표 안의 빈칸을 채워 넣으세요.

−		11	14
5		11 − 5	14 − 5

01

−	14	15	16
7			
8			
9			

02

−	11	12	13
4			
7			
5			

03

−	17	15	18
9			

04

−	11	14	13
8			

05

−	12	11	15
6			

06

−	15	14	16
7			

01

	1	6
－		8

02

	1	3
－		4

03

	1	5
－		6

04

	1	2
－		9

05

	1	4
－		6

06

	1	7
－		9

07

	1	1
－		5

08

	1	8
－		9

09

	1	3
－		7

10

	1	2
－		4

11

	1	5
－		8

12

	1	4
－		8

▶ 가장 큰 수와 가장 작은 수를 만들어 봐요

파란색 수 카드와 노란색 수 카드에서 각각 한 장씩 뽑아서

조건에 맞는 세로셈을 해 보세요.

수

01

| 9 | 7 | 8 | 5 | 4 | 6 |

가장 큰 수 → + □ / □
___
□ □

가장 작은 수 → + □ / □
___
□ □

02

| 13 | 15 | 11 | 6 | 9 | 8 |

가장 큰 수 → □ □ − □
___
□

가장 작은 수 → □ − □
___
□

03

| 6 | 7 | 9 | 7 | 5 | 9 |

가장 큰 수 → + □ / □
___
□ □

가장 작은 수 → + □ / □
___
□ □

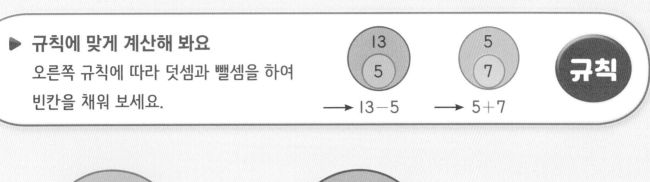

규칙

13
5
⟶ 13−5

5
7
⟶ 5+7

01

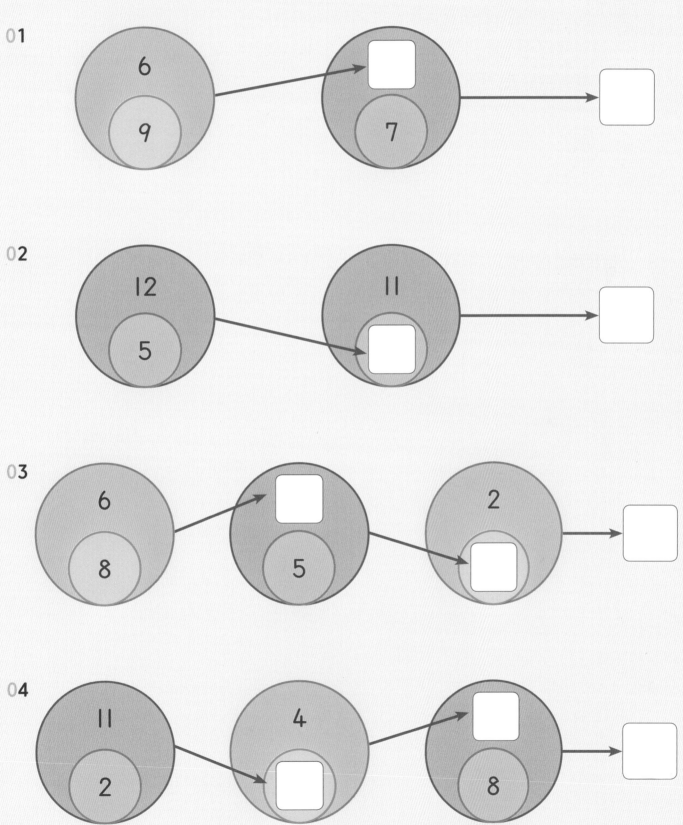

01
6
9

7

02
12
5

11

03
6
8

5

2

04
11
2

4

8

▶ 문장의 뜻을 이해하며 식을 세워 봐요
이야기 속에 주어진 조건을 생각하며 덧셈식 또는 뺄셈식을 세우고
답을 구해 보세요.

01   생일 파티 장식을 위해서 노란색 풍선 8개와 파란색 풍선 6개를 불었습니다.
      풍선은 모두 몇 개입니까?

식   답   개

02   15명의 친구들이 놀이터에서 놀고 있었습니다. 잠시 후에 9명의 친구들이 집으로
      돌아갔습니다. 놀이터에는 몇 명의 친구가 남아 있습니까?

식   답   명

03   서영이는 지난 달에 칭찬 스티커를 7개 받았고, 이번 달에는 13개 받았습니다.
      이번 달에는 지난 달보다 칭찬 스티커를 몇 개 더 받았습니까?

식   답   개

04   지훈이의 형은 매일 턱걸이를 8개씩 합니다. 어제와 오늘 이틀 동안 한 턱걸이는
      모두 몇 개입니까?

식   답   개

잠시

쉬어 가요

$$3 + \boxed{7} = 10$$
$$10 - \boxed{4} = 6$$

**10을 만들어 세 수의
덧셈, 뺄셈 하기**

10을 이용한 두 수의
계산을 먼저 해요.

**10이 되는 더하기,
10에서 빼기**

더해서 10이 되는
두 수를 찾아요.

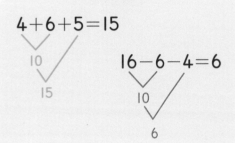

$$4 + 6 + 5 = 15$$

$$16 - 6 - 4 = 6$$

$$7 + 5 = 12 \qquad \begin{array}{r} 3 \\ + \ 9 \\ \hline 12 \end{array}$$

$$13 - 8 = 5 \qquad \begin{array}{r} 11 \\ - \ 5 \\ \hline 6 \end{array}$$

**받아내림이 있는
(두 자리 수)−(한 자리 수)**

10에서 빼서 계산해요.

**받아올림이 있는
(한 자리 수)+(한 자리 수)**

10을 만들어 계산해요.

MEMO

MEMO

아이가 좋아하는 4단계 초등연산

?! 정답

덧셈 · 뺄셈

1

동양북스

1

9까지의 수를 가르고 모으기

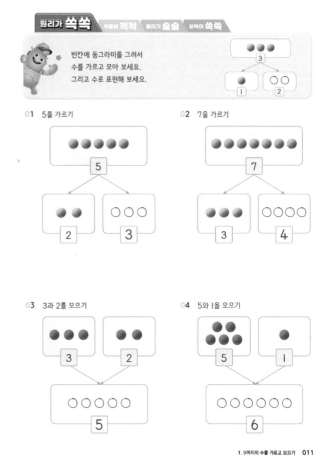

원리가 쏙쏙 적용이 척척 풀이가 술술 실력이 쏙쏙

빈칸에 동그라미를 그려서
수를 가르고 모아 보세요.
그리고 수로 표현해 보세요.

01 5를 가르기

02 7을 가르기

03 3과 2를 모으기

04 5와 1을 모으기

원리가 쏙쏙 **적용이 척척** 풀이가 술술 실력이 쏙쏙

동그라미를 그려서 가르기
빈 곳에 동그라미를 그려서 주어진 수를
가르기 해 보세요.

01 5

02 4

03 9

04 7

05 8

06 6

07 9

08 8

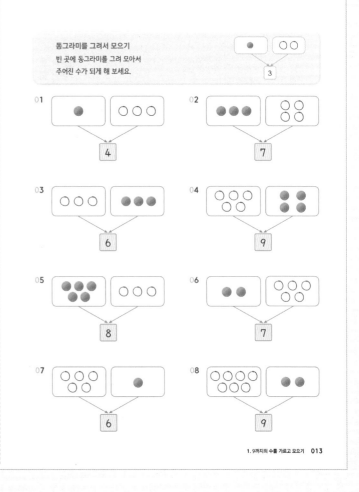

동그라미를 그려서 모으기
빈 곳에 동그라미를 그려 모아서
주어진 수가 되게 해 보세요.

01 4

02 7

03 6

04 9

05 8

06 7

07 6

08 9

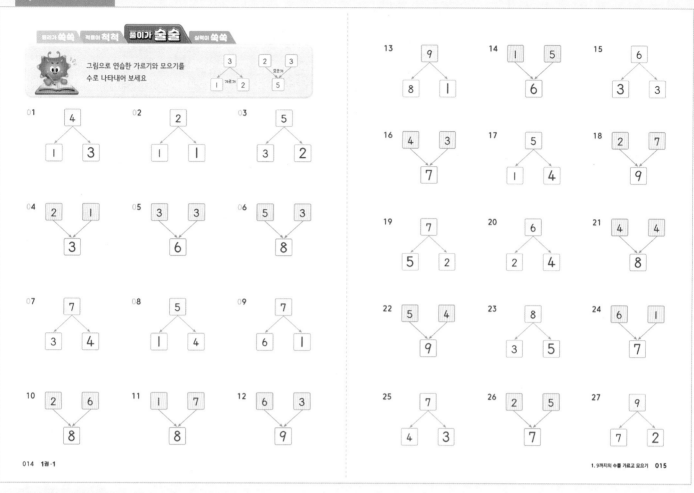

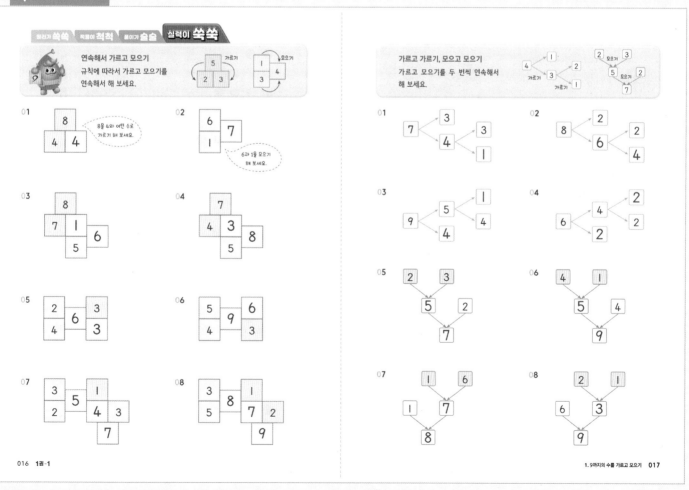

2

9까지 수의 덧셈

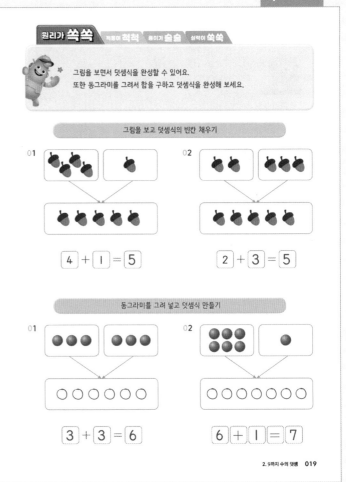

원리가 쏙쏙　적용이 척척　풀이가 술술　실력이 쏙쏙

그림을 보면서 덧셈식을 완성할 수 있어요.
또한 동그라미를 그려서 합을 구하고 덧셈식을 완성해 보세요.

그림을 보고 덧셈식의 빈칸 채우기

01
4 + 1 = 5

02
2 + 3 = 5

동그라미를 그려 넣고 덧셈식 만들기

01
3 + 3 = 6

02
6 + 1 = 7

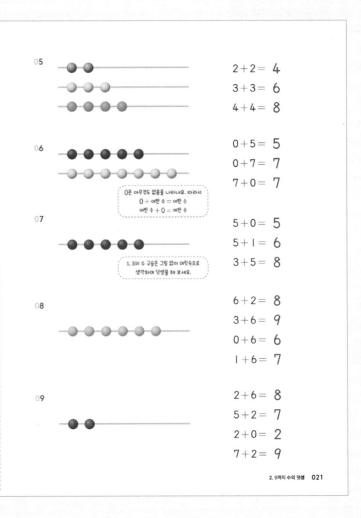

원리가 쏙쏙　**적용이 척척**　풀이가 술술　실력이 쏙쏙

구슬을 이용해서 덧셈하기
주어진 수 구슬을 이용해서
덧셈을 해 보세요.

1+3　2+3　1+2

01
2 + 3 = 5
2 + 4 = 6
3 + 4 = 7

02
3 + 4 = 7
4 + 5 = 9
3 + 5 = 8

03
1 + 2 = 3
2 + 7 = 9
1 + 7 = 8

04
2 + 3 = 5
3 + 6 = 9
6 + 2 = 8

05
2 + 2 = 4
3 + 3 = 6
4 + 4 = 8

06
0 + 5 = 5
0 + 7 = 7
7 + 0 = 7

0은 아무것도 없음을 나타내요. 따라서
0 + 어떤 수 = 어떤 수
어떤 수 + 0 = 어떤 수

07
5 + 0 = 5
5 + 1 = 6
3 + 5 = 8

1. 3의 수 구슬은 그림 없이 머릿속으로
생각하며 덧셈을 해 보세요.

08
6 + 2 = 8
3 + 6 = 9
0 + 6 = 6
1 + 6 = 7

09
2 + 6 = 8
5 + 2 = 7
2 + 0 = 2
7 + 2 = 9

그림을 이용하지 않고 수만으로 덧셈을 해 보세요.
간단한 덧셈 결과는 외울 수도 있도록 여러 번 연습해 보세요.

01 3+2= 5

두 수의 순서를 바꾸어 더하여도 결과는 같아요.

02 1+4= 5   03 4+1= 5

0+어떤 수=어떤 수

04 0+4= 4   05 4+4= 8   06 5+2= 7

07 1+6= 7   08 3+1= 4   09 2+4= 6

10 3+3= 6   11 0+9= 9   12 6+3= 9

13 4+3= 7   14 8+0= 8   15 2+1= 3

16 1+8= 9   17 7+2= 9   18 2+2= 4

19 7+1= 8   20 2+6= 8   21 6+0= 6

22 6+2= 8   23 4+5= 9   24 2+3= 5

25 2+5= 7   26 5+4= 9   27 1+7= 8

28 8+1= 9   29 1+3= 4   30 3+3= 6

31 0+1= 1   32 3+4= 7   33 6+1= 7

34 3+5= 8   35 7+0= 7

36 1+5= 6

위의 두 세모 속의 두 수를 더하여
아래 세모의 빈 곳에 써넣어 보세요.

01   02   03

04   05   06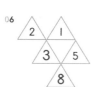

07   08   09

위의 수와 아래 수를 더하는 세로셈을 해 보세요.

01
```
   4
 + 3
   7
```
02
```
   3
 + 3
   6
```
03
```
   6
 + 1
   7
```

04
```
   5
 + 0
   5
```
05
```
   2
 + 7
   9
```
06
```
   4
 + 4
   8
```

07
```
   5
 + 2
   7
```
08
```
   6
 + 3
   9
```
09
```
   1
 + 7
   8
```

10
```
   3
 + 4
   7
```
11
```
   2
 + 3
   5
```
12
```
   8
 + 1
   9
```

9까지 수의 뺄셈

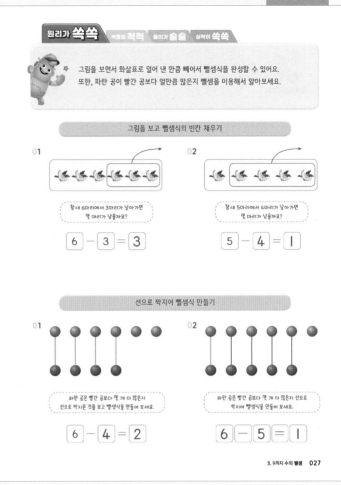

원리가 쏙쏙 적용이 척척 풀이가 술술 실력이 쏙쏙

그림을 보면서 화살표로 덜어 낸 만큼 빼어서 뺄셈식을 완성할 수 있어요.
또한, 파란 공이 빨간 공보다 얼마큼 많은지 뺄셈을 이용해서 알아보세요.

그림을 보고 뺄셈식의 빈칸 채우기

01

참새 6마리에서 3마리가 날아가면
몇 마리가 남을까요?

$$6 - 3 = 3$$

02

참새 5마리에서 4마리가 날아가면
몇 마리가 남을까요?

$$5 - 4 = 1$$

선으로 짝지어 뺄셈식 만들기

01

파란 공은 빨간 공보다 몇 개 더 많은지
선으로 짝지은 것을 보고 뺄셈식을 만들어 보세요.

$$6 - 4 = 2$$

02

파란 공은 빨간 공보다 몇 개 더 많은지 선으로
짝지어 뺄셈식을 만들어 보세요.

$$6 - 5 = 1$$

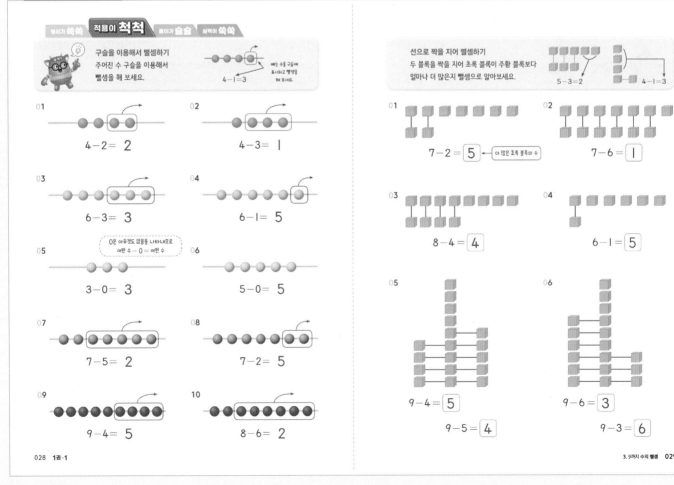

원리가 쏙쏙 **적용이 척척** 풀이가 술술 실력이 쏙쏙

구슬을 이용해서 뺄셈하기
주어진 수 구슬을 이용해서
뺄셈을 해 보세요.

▨는 수를 구슬에
표시하고 뺄셈을
해 보세요.

$$4 - 1 = 3$$

01

$$4 - 2 = 2$$

02

$$4 - 3 = 1$$

03

$$6 - 3 = 3$$

04

$$6 - 1 = 5$$

05

0은 아무것도 없음을 나타내므로
어떤 수 - 0 = 어떤 수

$$3 - 0 = 3$$

06

$$5 - 0 = 5$$

07

$$7 - 5 = 2$$

08

$$7 - 2 = 5$$

09

$$9 - 4 = 5$$

10

$$8 - 6 = 2$$

선으로 짝을 지어 뺄셈하기
두 블록을 짝을 지어 초록 블록이 주황 블록보다
얼마나 더 많은지 뺄셈으로 알아보세요.

$$5 - 3 = 2$$

$$4 - 1 = 3$$

01

$$7 - 2 = 5$$ ◀ 더 많은 초록 블록의 수

02

$$7 - 6 = 1$$

03

$$8 - 4 = 4$$

04

$$6 - 1 = 5$$

05

$$9 - 4 = 5$$

$$9 - 5 = 4$$

06

$$9 - 6 = 3$$

$$9 - 3 = 6$$

그림을 이용하지 않고 뺄셈식을 계산해 보세요.
간단한 뺄셈 결과는 외울 수도 있도록 여러 번 연습해 보세요.

01 3−1= 2

02 3−2= 1   03 4−2= 2

04 4−1= 3   05 5−4= 1   06 6−3= 3

07 9−1= 8   08 8−2= 6   09 7−3= 4

10 8−5= 3   11 9−4= 5   12 6−1= 5

13 8−7= 1   14 5−1= 4   15 9−2= 7

16 6−5= 1   17 6−0= 6   18 5−3= 2
                    어떤 수 − 0 = 어떤 수

19 9−7= 2   20 4−3= 1   21 8−4= 4

22 3−3= 0   23 8−6= 2   24 6−2= 4
    어떤 수 − 어떤 수 = 0

25 7−5= 2   26 4−4= 0   27 5−2= 3

28 6−4= 2   29 7−2= 5   30 9−5= 4

31 9−8= 1   32 9−3= 6   33 7−6= 1

34 3−0= 3   35 8−3= 5

36 7−7= 0

위에서 아래로, 왼쪽에서 오른쪽으로
뺄셈을 하여 빈칸을 채워 보세요.

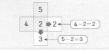

위의 수에서 아래 수를 빼는 세로셈을 해 보세요.

01   02

03   04

05   06

01
	4
−	1
	3

02
	8
−	6
	2

03
	6
−	0
	6

04
	5
−	1
	4

05
	7
−	2
	5

06
	8
−	4
	4

07
	9
−	9
	0

08
	9
−	3
	6

09
	5
−	4
	1

10
	8
−	2
	6

11
	6
−	5
	1

12
	9
−	7
	2

4

덧셈과 뺄셈

덧셈식과 뺄셈식에서 수의 관계를 이용해서 빈칸을 채워 보세요.

덧셈식에서 □ 안의 수 구하기

01 

$1 + \boxed{3} = 4$

덧셈 결과 4와 더해지는 수 1의 차는 더하는 수 $\boxed{3}$ 과 같아요.

02 

$\boxed{2} + 5 = 7$

덧셈 결과 7과 더하는 수 5와 차는 더해지는 수 $\boxed{2}$ 와 같아요.

뺄셈식에서 □ 안의 수 구하기

01 

$\boxed{7} - 3 = 4$

뺄셈 결과 4와 빼는 수 3의 합은 빼지는 수 $\boxed{7}$ 과 같아요.

02

$\boxed{6} - 1 = 5$

뺄셈 결과 5와 빼는 수 1의 합은 빼지는 수 $\boxed{6}$ 과 같아요.

알맞은 기호 써넣기
계산의 결과를 보면서 덧셈과 뺄셈 기호 중 알맞은 기호를 써넣어 보세요.

$5 \boxed{+} 1 = 6$ 계산 결과가 5보다 1 큰 6이므로 덧셈이에요.

$5 \boxed{-} 1 = 4$ 계산 결과가 빼지는 수 5보다 1 작은 4이므로 뺄셈이에요.

01   $3 \boxed{+} 3 = 6$

$3 \boxed{-} 1 = 2$

$3 \boxed{+} 2 = 5$

$3 \boxed{-} 2 = 1$

02   $4 \boxed{+} 2 = 6$

$4 \boxed{-} 2 = 2$

$4 \boxed{+} 3 = 7$

$4 \boxed{-} 3 = 1$

03   $5 \boxed{+} 4 = 9$

$5 \boxed{-} 4 = 1$

$6 \boxed{+} 3 = 9$

$6 \boxed{-} 3 = 3$

$7 \boxed{+} 2 = 9$

$7 \boxed{-} 2 = 5$

04   $8 \boxed{+} 1 = 9$

$8 \boxed{-} 2 = 6$

$8 \boxed{-} 3 = 5$

$9 \boxed{-} 4 = 5$

$9 \boxed{-} 5 = 4$

$9 \boxed{-} 6 = 3$

덧셈과 뺄셈의 관계를 이용하여 빈칸을 채워 보세요.

$3 + \boxed{2} = 5$ → $\boxed{2} = 5 - 3$

$\boxed{5} - 1 = 4$ → $\boxed{5} = 4 + 1$
$5 - \boxed{1} = 4$ → $\boxed{1} = 5 - 4$

01   $6 + \boxed{1} = 7$

$5 + \boxed{2} = 7$

$4 + \boxed{3} = 7$

$3 + \boxed{4} = 7$

$2 + \boxed{5} = 7$

02   $\boxed{1} + 8 = 9$

$\boxed{2} + 7 = 9$

$\boxed{3} + 6 = 9$

$\boxed{4} + 5 = 9$

$\boxed{5} + 4 = 9$

03   $\boxed{9} - 7 = 2$

$\boxed{8} - 6 = 2$

$\boxed{7} - 5 = 2$

$\boxed{6} - 4 = 2$

$\boxed{5} - 3 = 2$

04   $5 - \boxed{2} = 3$

$6 - \boxed{3} = 3$

$7 - \boxed{4} = 3$

$8 - \boxed{5} = 3$

$9 - \boxed{6} = 3$

원리가 쑥쑥　적용이 척척　**풀이가 술술**　실력이 쑥쑥

덧셈식과 뺄셈식의 성질을 이용하여 ☐ 안에
알맞은 수를 써넣으세요.

01　2 + [2] = 4　　　02　2 + [3] = 5
　　[3] + 1 = 4　　　　　[1] + 4 = 5

03　3 + [4] = 7　　　04　1 + [8] = 9
　　[1] + 6 = 7　　　　　[4] + 5 = 9

05　3 + [3] = 6　　　06　5 + [3] = 8
　　[6] + 0 = 6　　　　　[6] + 2 = 8

07　1 + [2] = 3　　　08　0 + [7] = 7
　　[0] + 3 = 3　　　　　[2] + 5 = 7

09　4 + [4] = 8　　　10　1 + [5] = 6
　　[1] + 7 = 8　　　　　[4] + 2 = 6

11　6 − [1] = 5　　　12　4 − [1] = 3
　　[8] − 3 = 5　　　　　[6] − 3 = 3

13　7 − [5] = 2　　　14　5 − [1] = 4
　　[5] − 3 = 2　　　　　[7] − 3 = 4

15　6 − [6] = 0　　　16　9 − [8] = 1
　　[1] − 1 = 0　　　　　[7] − 6 = 1

17　9 − [6] = 3　　　18　5 − [5] = 0
　　[8] − 6 = 2　　　　　[9] − 5 = 4

19　7 − [4] = 3　　　20　6 − [0] = 6
　　[9] − 7 = 2　　　　　[3] − 3 = 0

21　9 − [4] = 5　　　22　8 − [7] = 1
　　[9] − 5 = 4　　　　　[6] − 5 = 1

원리가 쑥쑥　적용이 척척　풀이가 술술　**실력이 쑥쑥**

덧셈과 뺄셈의 관계를 이용하여
덧셈식을 두 개의 뺄셈식으로 만들 수 있어요.

1 + 4 = 5
→ ⎡ 5 − 1 = 4
　 ⎣ 5 − 4 = 1

01　3 + 2 = 5
　→ ⎡ 5 − 3 = [2]
　　⎣ 5 − 2 = [3]

02　5 + 2 = 7
　→ ⎡ [7] − 2 = 5
　　⎣ [7] − 5 = 2

03　2 + 4 = 6
　→ ⎡ [6] − 4 = [2]
　　⎣ [6] − 2 = [4]

04　4 + 5 = 9
　→ ⎡ 9 − [5] = 4
　　⎣ 9 − [4] = 5

05　3 + 5 = 8
　→ ⎡ 8 − [5] = 3
　　⎣ 8 − 3 = [5]

06　1 + 7 = 8
　→ ⎡ [8] − 1 = 7
　　⎣ [8] − 7 = [1]

덧셈과 뺄셈의 관계를 이용하여
뺄셈식을 두 개의 덧셈식으로 만들 수 있어요.

5 − 1 = 4
→ ⎡ 1 + 4 = 5
　 ⎣ 4 + 1 = 5

01　6 − 2 = 4
　→ ⎡ 2 + 4 = [6]
　　⎣ 4 + 2 = [6]

02　7 − 3 = 4
　→ ⎡ [3] + 4 = [7]
　　⎣ [4] + 3 = [7]

03　8 − 1 = 7
　→ ⎡ [7] + 1 = [8]
　　⎣ [1] + 7 = [8]

04　5 − 3 = 2
　→ ⎡ [2] + 3 = [5]
　　⎣ [3] + 2 = [5]

05　9 − 3 = [6]
　→ ⎡ 3 + [6] = 9
　　⎣ [6] + 3 = 9

06　3 − 0 = [3]
　→ ⎡ 3 + [0] = 3
　　⎣ [0] + 3 = 3

5

세 수의 덧셈과 뺄셈

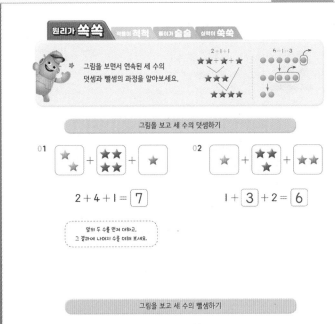

원리가 쏙쏙 적용이 척척 풀이가 술술 실력이 쏙쏙

그림을 보면서 연속된 세 수의
덧셈과 뺄셈의 과정을 알아보세요.

그림을 보고 세 수의 덧셈하기

01 $2 + 4 + 1 = \boxed{7}$

02 $1 + 3 + 2 = \boxed{6}$

앞의 두 수를 먼저 더하고,
그 결과에 나머지 수를 더해 보세요.

그림을 보고 세 수의 뺄셈하기

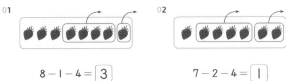

01 $8 - 1 - 4 = \boxed{3}$

02 $7 - 2 - 4 = \boxed{1}$

앞의 두 수의 뺄셈을 먼저 한 후,
그 결과에서 나머지 수를 빼 보세요.

p.044~045

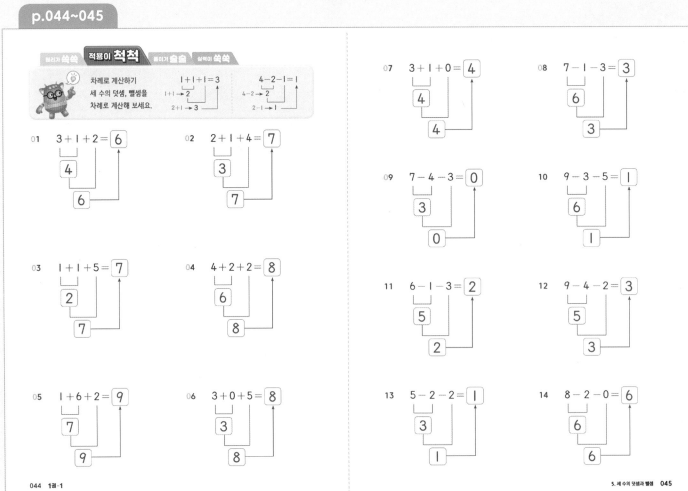

원리가 쏙쏙 **적용이 척척** 풀이가 술술 실력이 쏙쏙

차례로 계산하기
세 수의 덧셈, 뺄셈을
차례로 계산해 보세요.

$1+1+1=3$
$1+1 \rightarrow 2$
$2+1 \rightarrow 3$

$4-2-1=1$
$4-2 \rightarrow 2$
$2-1 \rightarrow 1$

01 $3 + 1 + 2 = \boxed{6}$
$\boxed{4}$
$\boxed{6}$

02 $2 + 1 + 4 = \boxed{7}$
$\boxed{3}$
$\boxed{7}$

03 $1 + 1 + 5 = \boxed{7}$
$\boxed{2}$
$\boxed{7}$

04 $4 + 2 + 2 = \boxed{8}$
$\boxed{6}$
$\boxed{8}$

05 $1 + 6 + 2 = \boxed{9}$
$\boxed{7}$
$\boxed{9}$

06 $3 + 0 + 5 = \boxed{8}$
$\boxed{3}$
$\boxed{8}$

07 $3 + 1 + 0 = \boxed{4}$
$\boxed{4}$
$\boxed{4}$

08 $7 - 1 - 3 = \boxed{3}$
$\boxed{6}$
$\boxed{3}$

09 $7 - 4 - 3 = \boxed{0}$
$\boxed{3}$
$\boxed{0}$

10 $9 - 3 - 5 = \boxed{1}$
$\boxed{6}$
$\boxed{1}$

11 $6 - 1 - 3 = \boxed{2}$
$\boxed{5}$
$\boxed{2}$

12 $9 - 4 - 2 = \boxed{3}$
$\boxed{5}$
$\boxed{3}$

13 $5 - 2 - 2 = \boxed{1}$
$\boxed{3}$
$\boxed{1}$

14 $8 - 2 - 0 = \boxed{6}$
$\boxed{6}$
$\boxed{6}$

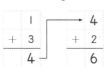 

세 수의 덧셈과 뺄셈을
세로셈으로 해 보세요.

01 1+3+2= 6

$$\begin{array}{r} 1 \\ + 3 \\ \hline 4 \end{array} \rightarrow \begin{array}{r} 4 \\ + 2 \\ \hline 6 \end{array}$$

02 2+1+5= 8

$$\begin{array}{r} 2 \\ + 1 \\ \hline 3 \end{array} \rightarrow \begin{array}{r} 3 \\ + 5 \\ \hline 8 \end{array}$$

07 5+0+3= 8

$$\begin{array}{r} 5 \\ + 0 \\ \hline 5 \end{array} \rightarrow \begin{array}{r} 5 \\ + 3 \\ \hline 8 \end{array}$$

08 5−1−1= 3

$$\begin{array}{r} 5 \\ - 1 \\ \hline 4 \end{array} \rightarrow \begin{array}{r} 4 \\ - 1 \\ \hline 3 \end{array}$$

03 3+1+4= 8

$$\begin{array}{r} 3 \\ + 1 \\ \hline 4 \end{array} \rightarrow \begin{array}{r} 4 \\ + 4 \\ \hline 8 \end{array}$$

04 2+2+5= 9

$$\begin{array}{r} 2 \\ + 2 \\ \hline 4 \end{array} \rightarrow \begin{array}{r} 4 \\ + 5 \\ \hline 9 \end{array}$$

09 5−3−2= 0

$$\begin{array}{r} 5 \\ - 3 \\ \hline 2 \end{array} \rightarrow \begin{array}{r} 2 \\ - 2 \\ \hline 0 \end{array}$$

10 7−5−1= 1

$$\begin{array}{r} 7 \\ - 5 \\ \hline 2 \end{array} \rightarrow \begin{array}{r} 2 \\ - 1 \\ \hline 1 \end{array}$$

05 6+1+1= 8

$$\begin{array}{r} 6 \\ + 1 \\ \hline 7 \end{array} \rightarrow \begin{array}{r} 7 \\ + 1 \\ \hline 8 \end{array}$$

06 3+3+3= 9

$$\begin{array}{r} 3 \\ + 3 \\ \hline 6 \end{array} \rightarrow \begin{array}{r} 6 \\ + 3 \\ \hline 9 \end{array}$$

11 9−3−5= 1

$$\begin{array}{r} 9 \\ - 3 \\ \hline 6 \end{array} \rightarrow \begin{array}{r} 6 \\ - 5 \\ \hline 1 \end{array}$$

12 8−2−4= 2

$$\begin{array}{r} 8 \\ - 2 \\ \hline 6 \end{array} \rightarrow \begin{array}{r} 6 \\ - 4 \\ \hline 2 \end{array}$$

13 6−2−1= 3

$$\begin{array}{r} 6 \\ - 2 \\ \hline 4 \end{array} \rightarrow \begin{array}{r} 4 \\ - 1 \\ \hline 3 \end{array}$$

14 6−0−2= 4

$$\begin{array}{r} 6 \\ - 0 \\ \hline 6 \end{array} \rightarrow \begin{array}{r} 6 \\ - 2 \\ \hline 4 \end{array}$$

세 수의 덧셈과 뺄셈을 하세요.

01 3+1+2= 6

02 5+1+2= 8

03 6+1+1= 8

04 2+3+4= 9

05 1+2+1= 4

06 4+1+3= 8

07 2+2+3= 7

08 3+0+2= 5

09 4+2+3= 9

10 2+2+2= 6

11 0+2+6= 8

12 1+5+3= 9

13 1+3+1= 5

14 3+1+3= 7

15 1+8+0= 9

16 5+3+1= 9

17 4−1−2= 1

18 5−1−1= 3

19 7−2−3= 2

20 6−3−3= 0

21 9−3−3= 3

22 8−4−3= 1

23 7−3−2= 2

24 9−1−2= 6

25 9−5−3= 1

26 8−1−0= 7

27 9−6−1= 2

28 8−7−1= 0

29 7−3−3= 1

30 6−2−1= 3

31 9−4−3= 2

32 8−5−2= 1

33 5+3+0= 8

34 4+0+2= 6

35 4−3−0= 1

36 6−0−2= 4

1~5 연산의 활용 🔍 **1**에서 배운 연산으로 해결해 봐요!

▶ 가장 큰 수와 가장 작은 수를 찾아 봐요
주어진 덧셈과 뺄셈을 하고, 계산 결과 중에서 가장 큰 수와 가장 작은 수를 찾아보세요. **수**

01 $2 + 5 = 7$

$1 + 4 = 5$

$8 + 0 = 8$

가장 큰 수 **8**

가장 작은 수 **5**

02 $9 - 3 = 6$

$4 - 1 = 3$

$5 - 0 = 5$

가장 큰 수 **6**

가장 작은 수 **3**

03 $1 + 5 + 1 = 7$

$3 + 6 + 0 = 9$

$2 + 3 + 1 = 6$

가장 큰 수 **9**

가장 작은 수 **6**

04 $6 - 1 - 3 = 2$

$7 - 0 - 2 = 5$

$9 - 1 - 2 = 6$

가장 큰 수 **6**

가장 작은 수 **2**

▶ 규칙에 맞게 계산해 봐요
오른쪽 규칙에 따라 덧셈과 뺄셈을 해 보세요. **규칙**

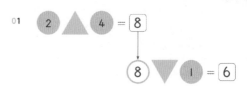

01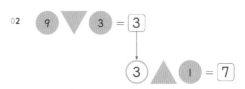

02

03

▶ 문장의 뜻을 이해하며 식을 세워 봐요
이야기 속에 주어진 조건을 생각하며 덧셈식 또는 뺄셈식을 세우고 답을 구해 보세요. **문장제**

01 나무 위에 참새 5마리가 앉아 있습니다. 잠시 후 참새 3마리가 더 날아와 앉았습니다. 나무 위에 참새는 모두 몇 마리입니까?

식 $5 + 3 = 8$ 답 **8** 마리

02 진우는 구슬을 9개 가지고 있고, 혜성이는 구슬을 6개 가지고 있습니다. 진우는 혜성이보다 구슬을 몇 개 더 가지고 있습니까?

식 $9 - 6 = 3$ 답 **3** 개

03 주차장에 검은색 자동차 3대, 흰색 자동차 2대, 회색 자동차 4대가 있습니다. 주차장에 있는 자동차는 모두 몇 대입니까?

식 $3 + 2 + 4 = 9$ 답 **9** 대

04 바구니에 사탕이 9개 있습니다. 동생이 사탕 4개를 가져가고, 형이 사탕 1개를 가져갔습니다. 바구니에 남은 사탕은 몇 개입니까?

식 $9 - 4 - 1 = 4$ 답 **4** 개

6

받아올림이 없는
(두 자리 수)+(한 자리 수)

수 모형 그림을 보고 덧셈을 해 보세요.

01 20+6 계산하기

| 2 | 0 | + | 6 | = | 2 | 6 |

02 60+5 계산하기

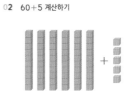

| 6 | 0 | + | 5 | = | 6 | 5 |

03 45+4 계산하기

| 4 | 5 | + | 4 | = | 4 | 9 |

04 74+3 계산하기

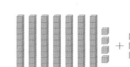

| 7 | 4 | + | 3 | = | 7 | 7 |

세로셈으로 덧셈하기 1
(몇십)+(몇), (몇)+(몇십)을
세로셈으로 해 보세요.

01
```
    2 0
+     8
─────
    2 8
```

02
```
    4 0
+     2
─────
    4 2
```

03
```
    7 0
+     1
─────
    7 1
```

04
```
      7
+   4 0
─────
    4 7
```

05
```
      6
+   1 0
─────
    1 6
```

06
```
      3
+   3 0
─────
    3 3
```

더하는 순서를 바꾸어도 계산 방법은 같아요. 일의 자리 수끼리 더하여 일의 자리에, 십의 자리 수는 그대로 십의 자리에 내려 써요.

07
```
    5 0
+     6
─────
    5 6
```

08
```
    6 0
+     8
─────
    6 8
```

09
```
    9 0
+     9
─────
    9 9
```

10
```
    5 0
+     4
─────
    5 4
```

11
```
      6 0
+     6 0
─────
    6 7
```

12
```
    8 0
+     6
─────
    8 6
```

세로셈으로 덧셈하기 2
(몇십몇)+(몇), (몇)+(몇십몇)을
세로셈으로 해 보세요.

01
```
    1 3
+     6
─────
    1 9
```

02
```
    4 5
+     1
─────
    4 6
```

03
```
    3 1
+     2
─────
    3 3
```

04
```
      6
+   5 3
─────
    5 9
```

05
```
      3
+   2 3
─────
    2 6
```

06
```
      4
+   8 5
─────
    8 9
```

07
```
    4 2
+     3
─────
    4 5
```

08
```
    9 1
+     3
─────
    9 4
```

09
```
    9 3
+     5
─────
    9 8
```

10
```
    7 2
+     5
─────
    7 7
```

11
```
      6
+   3 2
─────
    3 8
```

12
```
    6 6
+     1
─────
    6 7
```

받아올림이 없는 (몇십)+(몇), (몇십몇)+(몇)을 가로셈으로 해 보세요.

01 30+2= [3][2]

02 20+3= 23   03 40+1= 41

04 5+40= [4][5]   05 4+40= 44   06 5+20= 25

07 10+6= 16   08 30+6= 36   09 5+60= 65

10 4+70= 74   11 80+1= 81   12 6+20= 26

13 50+6= 56   14 10+9= 19   15 4+90= 94

16 33+2= [3][5] (3+2)   17 11+8= 19   18 22+5= 27

19 1+43= 44   20 2+71= 73   21 2+35= 37

22 71+4= 75   23 45+4= 49   24 2+27= 29

25 86+2= 88   26 3+63= 66   27 24+1= 25

28 3+83= 86   29 2+91= 93   30 57+2= 59

31 63+5= 68   32 71+6= 77   33 3+52= 55

34 12+7= 19   35 1+33= 34

36 63+6= 69

덧셈표 완성하기
가로칸의 수와 세로칸의 수를 더하여
덧셈표 안의 빈칸을 채워 넣으세요.

+	10	20
2	10+2	20+2

01

+	10	30	70
3	13	33	73
7	17	37	77
1	11	31	71

02

+	2	8	6
20	22	28	26
40	42	48	46
50	52	58	56

03

+	5	9	4
60	65	69	64
90	95	99	94
80	85	89	84

04

+	30	50	90
3	33	53	93
8	38	58	98
4	34	54	94

05

+	12	53	65
3	15	56	68
2	14	55	67
4	16	57	69

06

+	22	81	64
5	27	86	69
1	23	82	65
4	26	85	68

07

+	6	5	7
91	97	96	98
72	78	77	79
80	86	85	87

08

+	2	5	4
31	33	36	35
44	46	49	48
54	56	59	58

09

+	66	95	24
3	69	98	27
2	68	97	26

10

+	6	8	5
51	57	59	56
61	67	69	66

받아올림이 없는 (두 자리 수)+(두 자리 수)

수 모형 그림을 보고 덧셈을 해 보세요.

01 40+30 계산하기

| 4 | 0 | + | 3 | 0 | = | 7 | 0 |

02 10+50 계산하기

| 1 | 0 | + | 5 | 0 | = | 6 | 0 |

03 25+43 계산하기

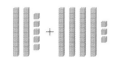

| 2 | 5 | + | 4 | 3 | = | 6 | 8 |

04 62+17 계산하기

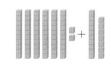

| 6 | 2 | + | 1 | 7 | = | 7 | 9 |

p.066~067

세로셈으로 덧셈하기 1
(몇십)+(몇십)을 세로셈으로 해 보세요.

	십의 자리	일의 자리
	2	0
+	3	0
	5	0

십의 자리는 2+3=5

일의 자리는 0+0=0이므로 0을 그대로 써요.

```
01      3 0        02      1 0        03      7 0
      + 3 0              + 4 0              + 1 0
        6 0                5 0                8 0

04      1 0        05      6 0        06      3 0
      + 2 0              + 1 0              + 2 0
        3 0                7 0                5 0

07      2 0        08      3 0        09      4 0
      + 7 0              + 1 0              + 3 0
        9 0                4 0                7 0

10      3 0        11      5 0        12      4 0
      + 5 0              + 2 0              + 5 0
        8 0                7 0                9 0
```

세로셈으로 덧셈하기 2
(몇십몇)+(몇십몇)을 세로셈으로 해 보세요.

	십의 자리	일의 자리
	3	2
+	1	3
	4	5

십의 자리는 3+1=4

일의 자리는 2+3=5

```
01      1 3        02      1 7        03      8 1
      + 2 6              + 3 0              + 1 2
        3 9                4 7                9 3

04      3 3        05      7 2        06      5 4
      + 4 6              + 2 5              + 3 1
        7 9                9 7                8 5

07      4 3        08      4 3        09      6 5
      + 3 2              + 5 2              + 2 3
        7 5                9 5                8 8

10      4 1        11      6 5        12      2 1
      + 2 6              + 1 3              + 3 1
        6 7                7 8                5 2
```

받아올림이 없는 (몇십)+(몇십), (몇십몇)+(몇십몇)을
가로셈으로 해 보세요.

01 30+40= [7][0] 3+4

02 20+20= 40   03 10+60= 70

04 30+50= 80   05 30+20= 50   06 50+20= 70

07 30+30= 60   08 40+40= 80   09 20+70= 90

10 40+10= 50   11 80+10= 90   12 60+20= 80

13 50+10= 60   14 10+30= 40   15 10+70= 80

16 53+24= [7][7]   17 26+53= 79

18 21+25= 46   19 16+43= 59   20 23+61= 84

21 51+34= 85   22 26+42= 68   23 64+13= 77

24 44+44= 88   25 33+11= 44   26 20+16= 36

27 14+50= 64   28 38+61= 99   29 22+41= 63

30 23+55= 78   31 17+31= 48   32 75+14= 89

33 12+83= 95   34 21+24= 45

35 23+61= 84

덧셈표 완성하기
가로칸의 수와 세로칸의 수를 더하여
덧셈표 안의 빈칸을 채워 넣으세요.

+	12	23
34	12+34	23+34

01
+	10	30	62
20	30	50	82
15	25	45	77
30	40	60	92

02
+	42	11	26
23	65	34	49
52	94	63	78
40	82	51	66

03
+	47	71	15
10	57	81	25
20	67	91	35
12	59	83	27

04
+	50	26	44
32	82	58	76
40	90	66	84
11	61	37	55

가로셈과 세로셈
두 수를 가로셈과 세로셈으로 각각 더하여
빈칸에 알맞은 수를 써넣으세요.

→		
23	54	77
		23+54

↓	54
	11
65 ← 54+11

01
20	50	70
40		
90		

02
43	25	68
64		
89		

03
70		
13	61	74
83		

04
17		
51	28	79
68		

05
12	13	25
31		
43		

06
22	33	55
20		
42		

8

받아내림이 없는
(두 자리 수)−(한 자리 수)

원리가 쏙쏙 익히기 척척 풀이가 술술 실력이 쏙쏙

수 모형 그림을 보고
뺄셈을 해 보세요.

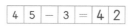

01 45−3 계산하기

02 67−6 계산하기

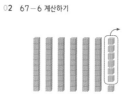

| 4 | 5 | | − | 3 | | = | 4 | 2 |

| 6 | 7 | | − | 6 | | = | 6 | 1 |

뺄셈을 가로셈으로 쓰고 계산하기

01

02

| 2 | 5 | | − | 1 | | = | 2 | 4 |

| 4 | 8 | | − | 5 | | = | 4 | 3 |

원리가 쏙쏙 적용이 척척 풀이가 술술 실력이 쏙쏙

세로셈으로 뺄셈하기 1
(몇십몇)−(몇)을 세로셈으로
해 보세요.

	십의 자리	일의 자리
	4	5
−		3
	4	2

십의 자리는   일의 자리는
4를 그대로   5−3=2

01
```
   3 6
 −   4
   3 2
```

02
```
   1 7
 −   5
   1 2
```

03
```
   4 4
 −   2
   4 2
```

04
```
   1 6
 −   3
   1 3
```

05
```
   6 6
 −   5
   6 1
```

06
```
   2 7
 −   1
   2 6
```

07
```
   9 3
 −   2
   9 1
```

08
```
   7 8
 −   4
   7 4
```

09
```
   5 8
 −   3
   5 5
```

10
```
   6 8
 −   2
   6 6
```

11
```
   8 9
 −   6
   8 3
```

12
```
   5 2
 −   1
   5 1
```

13
```
   4 9
 −   9
   4 0
```

14
```
   6 6
 −   2
   6 4
```

15
```
   7 9
 −   4
   7 5
```

16
```
   8 3
 −   2
   8 1
```

17
```
   5 9
 −   4
   5 5
```

18
```
   9 5
 −   1
   9 4
```

19
```
   8 9
 −   7
   8 2
```

20
```
   7 6
 −   6
   7 0
```

21
```
   3 9
 −   2
   3 7
```

22
```
   2 5
 −   4
   2 1
```

23
```
   6 4
 −   1
   6 3
```

24
```
   9 8
 −   6
   9 2
```

받아내림이 없는 (몇십몇) − (몇)을
가로셈으로 해 보세요.

01 24−1= $\boxed{2}$ $\boxed{3}$
4−1

02 35−2= 33   03 46−2= 44

04 75−1= 74   05 51−1= 50   06 19−3= 16

07 27−4= 23   08 89−2= 87   09 73−3= 70

10 87−5= 82   11 68−4= 64   12 95−3= 92

13 98−7= 91   14 56−1= 55   15 39−5= 34

16 66−3= 63   17 75−3= 72   18 64−1= 63

19 99−7= 92   20 17−4= 13   21 38−4= 34

22 23−3= 20   23 48−7= 41   24 56−2= 54

25 27−5= 22   26 44−1= 43   27 95−3= 92

28 86−4= 82   29 77−3= 74   30 29−5= 24

31 49−8= 41   32 59−4= 55   33 64−3= 61

34 69−2= 67   35 28−3= 25

36 13−3= 10

뺄셈표 완성하기
가로칸의 수에서 세로칸의 수를 빼어
뺄셈표 안의 빈칸을 채워 넣으세요.

−	44	27
3	44−3	27−3

01

−	25	35	45
3	22	32	42
2	23	33	43
1	24	34	44

02

−	19	68	37
7	12	61	30
5	14	63	32
3	16	65	34

03

−	83	75	67
3	80	72	64

04

−	29	49	56
5	24	44	51

05

−	77	64	85
2	75	62	83

06

−	58	36	49
6	52	30	43

가로셈과 세로셈
두 수의 차를 가로셈과 세로셈으로 각각 구하고
빈칸에 알맞은 수를 써넣으세요.

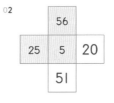

01
	46	
65	4	61
	42	

02
	56	
25	5	20
	51	

03
	87	
36	3	33
	84	

04
	47	
78	6	72
	41	

05
	97	
28	7	21
	90	

06
	38	
93	2	91
	36	

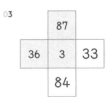
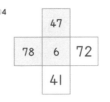

9

받아내림이 없는
(두 자리 수)−(두 자리 수)

원리가 **쏙쏙** 적용이 척척 풀이가 술술 실력이 쏙쏙

수 모형 그림을 보고
뺄셈을 해 보세요.

01 60−50 계산하기

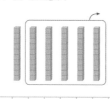

| 6 | 0 | − | 5 | 0 | = | 1 | 0 |

02 그림을 보고 뺄셈식을 쓰고 계산하기

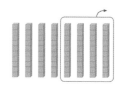

| 8 | 0 | − | 4 | 0 | = | 4 | 0 |

03 76−43 계산하기

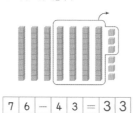

| 7 | 6 | − | 4 | 3 | = | 3 | 3 |

04 그림을 보고 뺄셈식을 쓰고 계산하기

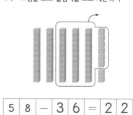

| 5 | 8 | − | 3 | 6 | = | 2 | 2 |

원리가 쏙쏙 적용이 **척척** 풀이가 술술 실력이 쏙쏙

세로셈으로 뺄셈하기 1
(몇십)−(몇십)을
세로셈으로 해 보세요.

십의 자리는 4−2=2
이므로 2를 써요. 일의 자리는 0 그대로

01
	3	0
−	1	0
	2	0

02
	4	0
−	3	0
	1	0

03
	6	0
−	2	0
	4	0

04
	7	0
−	3	0
	4	0

05
	5	0
−	2	0
	3	0

06
	6	0
−	4	0
	2	0

07
	4	0
−	2	0
	2	0

08
	8	0
−	4	0
	4	0

09
	9	0
−	6	0
	3	0

10
	8	0
−	7	0
	1	0

11
	7	0
−	1	0
	6	0

12
	9	0
−	1	0
	8	0

세로셈으로 뺄셈하기 2
(몇십몇)−(몇십몇)을
세로셈으로 해 보세요.

십의 자리는 6−1=5
이므로 5를 써요. 일의 자리는 5−2=3
이므로 3을 써요.

01
	3	5
−	1	1
	2	4

02
	4	5
−	3	2
	1	3

03
	7	8
−	5	6
	2	2

두 수의 십의 자리 수가 6으로 같아 6−6=0일 때,
십의 자리에는 0을 쓰지 않아요.

04
	6	5
−	6	3
		2

05
	5	9
−	5	3
		6

06
	4	8
−	4	1
		7

07
	9	6
−	5	5
	4	1

08
	8	4
−	7	2
	1	2

09
	7	9
−	2	4
	5	5

10
	8	7
−	1	3
	7	4

11
	6	5
−	2	3
	4	2

12
	9	9
−	3	2
	6	7

원리가 **쏙쏙** 적용이 **척척** 풀이가 **술술** 실력이 **쏙쏙**

 받아내림이 없는 (몇십)-(몇십), (몇십몇)-(몇십몇)을
가로셈으로 해 보세요.

01 40-10= **3 0**

02 50-20= 30   03 60-20= 40

04 70-10= 60   05 90-40= 50   06 60-30= 30

07 70-40= 30   08 80-20= 60   09 70-30= 40

10 80-50= 30   11 50-40= 10   12 60-10= 50

13 90-70= 20   14 60-50= 10   15 90-20= 70

16 54-23= **3 1**   17 66-22= 44

18 74-51= 23   19 63-23= 40   20 95-42= 53

21 46-45= 1   22 58-41= 17   23 29-25= 4

24 78-48= 30   25 95-93= 2   26 67-21= 46

27 87-30= 57   28 44-11= 33   29 76-34= 42

30 56-43= 13   31 79-15= 64   32 54-20= 34

33 83-12= 71   34 29-17= 12

35 97-25= 72

원리가 **쏙쏙** 적용이 **척척** 풀이가 **술술** 실력이 **쏙쏙**

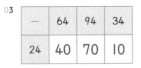 뺄셈표 완성하기
가로칸의 수에서 세로칸의 수를 빼어
뺄셈표 안의 빈칸을 채워 넣으세요.

		64	35
22		64-22	35-22

01

—	50	60	70
40	10	20	30
30	20	30	40
20	30	40	50

02

—	99	89	79
66	33	23	13
55	44	34	24
44	55	45	35

03

—	64	94	34
24	40	70	10

04

—	65	48	72
30	35	18	42

05

—	37	26	75
23	14	3	52

06

—	77	85	59
55	22	30	4

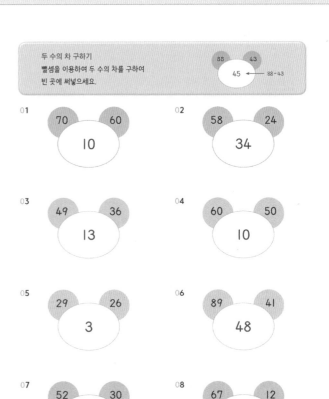 두 수의 차 구하기
뺄셈을 이용하여 두 수의 차를 구하여
빈 곳에 써넣으세요.

83   43
45 ← 88-43

01 70 60 → 10

02 58 24 → 34

03 49 36 → 13

04 60 50 → 10

05 29 26 → 3

06 89 41 → 48

07 52 30 → 22

08 67 12 → 55

6~9 연산의 활용 **2**에서 배운 연산으로 해결해 봐요!

▶ 가장 큰 수와 가장 작은 수를 만들어 봐요
주어진 수 카드를 이용하여 두 자리의 가장 큰 수와 가장 작은 수를
만들고 두 수의 합 또는 차를 구해 보세요. **수**

01
| 2 | 1 | 7 | 5 |

- 가장 큰 수 7 5
- 가장 작은 수 1 2

두 수의 합

$$\begin{array}{r} 7\ 5 \\ +\ 1\ 2 \\ \hline 8\ 7 \end{array}$$

02
| 3 | 4 | 0 | 8 |

- 가장 큰 수 8 4
- 가장 작은 수 3 0

두 수의 차

$$\begin{array}{r} 8\ 4 \\ -\ 3\ 0 \\ \hline 5\ 4 \end{array}$$

03
| 6 | 1 | 9 | 3 |

- 가장 큰 수 9 6
- 가장 작은 수 1 3

두 수의 차

$$\begin{array}{r} 9\ 6 \\ -\ 1\ 3 \\ \hline 8\ 3 \end{array}$$

088 1권-2

▶ 규칙에 맞게 계산해 봐요
오른쪽 규칙에 따라 덧셈과 뺄셈을 해 보세요.
53 ▶ 53 + 22
53 ◀ 53 − 11
규칙

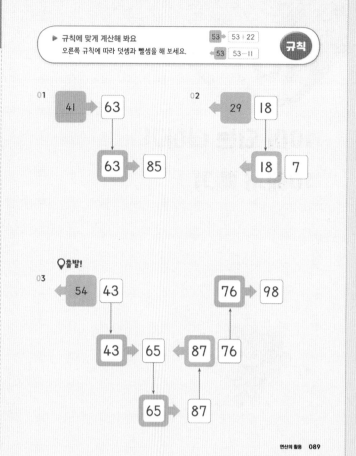

01
41 ▶ 63
63 ▶ 85

02
29 ◀ 18
18 ◀ 7

📍출발!

03
54 ◀ 43
43 ▶ 65 ◀ 87 ◀ 76
65 ▶ 87
76 ▶ 98

연산의 활용 089

▶ 문장의 뜻을 이해하며 식을 세워 봐요
이야기 속에 주어진 조건을 생각하며 덧셈식 또는 뺄셈식을 세우고
답을 구해 보세요. **문장제**

01 삼촌의 나이는 32살 입니다. 3년 후에 삼촌의 나이는 몇 살입니까?

식 $32+3=35$ 답 35 살

02 58개의 양초에 불을 붙여 세워 놓았습니다. 바람이 불어 7개 양초의 불이
꺼졌습니다. 불이 켜진 양초는 모두 몇 개입니까?

식 $58-7=51$ 답 51 개

03 과일 상자에 사과가 26개 들어 있고, 귤이 63개 들어 있습니다. 과일 상자 안에
있는 사과와 귤은 모두 몇 개입니까?

식 $26+63=89$ 답 89 개

04 지훈이는 책을 75쪽 읽고, 세영이는 61쪽 읽었습니다. 지훈이는 세영이보다 몇 쪽
더 읽었습니까?

식 $75-61=14$ 답 14 쪽

090 1권-2

10이 되는 더하기,
10에서 빼기

원리가 쏙쏙 적용이 척척 풀이가 술술 실력이 쑥쑥

그림을 보며 10을 가르고 모아 보고,
10이 되는 더하기와 10에서 빼기를 해 보세요.

01 10을 두 수로 가르고 모으기

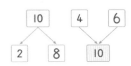

| 10 | 4 | 6 |

| 2 | 8 | 10 |

02 10을 세 수로 가르고 모으기

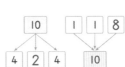

| 10 | 1 | 1 | 8 |

| 4 | 2 | 4 | 10 |

03 10이 되는 더하기

$6 + \boxed{4} = 10$

04 10에서 빼기

$10 - \boxed{4} = 6$

원리가 쏙쏙 **적용이 척척** 풀이가 술술 실력이 쑥쑥

 10을 가르고 모으기
10을 두 수 또는 세 수로 가르고 모으기 해 보세요.

01

| 10 |

| 1 | 9 |

02

| 10 |

| 5 | 5 |

03

| 10 |

| 3 | 7 |

04

| 6 | 4 |

| 10 |

05

| 2 | 8 |

| 10 |

06

| 1 | 9 |

| 10 |

07

| 10 |

| 6 | 2 | 2 |

8

08

| 10 |

| 4 | 3 | 3 |

09

| 10 |

| 1 | 4 | 5 |

10

7

| 5 | 2 | 3 |

| 10 |

11

| 1 | 6 | 3 |

| 10 |

12

| 4 | 2 | 4 |

| 10 |

10을 가르고 모으기 하여
표의 빈 곳을 채워 넣으세요.

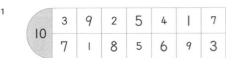

01

10	3	9	2	5	4	1	7
	7	1	8	5	6	9	3

02

9	4	3	5	8	1	6	10
1	6	7	5	2	9	4	

03

10		
2	3	5
3	6	1
6	2	2
3	4	3
5	4	1

04

2	4	4
1	5	4
3	1	6
3	2	5
7	2	1
	10	

모으기 하여 10이 되는 수를 이용하여 10이 되는 더하기를 하고, ☐ 안에 알맞은 수를 써넣으세요.

10을 가르는 것을 이용하여 10에서 빼기를 하고, ☐ 안에 알맞은 수를 써넣으세요.

01 $1 + \boxed{9} = 10$

01 $10 - 4 = \boxed{6}$

02 $\boxed{8} + 2 = 10$ 03 $9 + \boxed{1} = 10$

02 $10 - 1 = \boxed{9}$ 03 $10 - \boxed{1} = 9$

04 $5 + \boxed{5} = 10$ 05 $\boxed{6} + 4 = 10$ 06 $3 + \boxed{7} = 10$

04 $10 - \boxed{8} = 2$ 05 $10 - \boxed{6} = 4$ 06 $10 - \boxed{5} = 5$

07 $8 + \boxed{2} = 10$ 08 $\boxed{3} + 7 = 10$ 09 $\boxed{5} + 5 = 10$

07 $10 - \boxed{4} = 6$ 08 $10 - 2 = \boxed{8}$ 09 $10 - \boxed{10} = 0$

10 $6 + \boxed{4} = 10$ 11 $2 + \boxed{8} = 10$ 12 $\boxed{9} + 1 = 10$

10 $10 - \boxed{9} = 1$ 11 $10 - \boxed{2} = 8$ 12 $10 - 3 = \boxed{7}$

13 $\boxed{7} + 3 = 10$ 14 $4 + \boxed{6} = 10$ 15 $\boxed{1} + 9 = 10$

13 $10 - \boxed{3} = 7$ 14 $10 - \boxed{7} = 3$ 15 $10 - 6 = \boxed{4}$

가르기와 모으기를 이용하여 더해서 10이 되는 덧셈과 10에서 빼는 뺄셈을 하세요.

01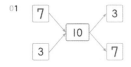
⇒ $\boxed{7} + 3 = 10$
  $10 - \boxed{7} = 3$

02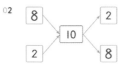
⇒ $\boxed{8} + 2 = 10$
  $10 - \boxed{8} = 2$

05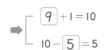
⇒ $\boxed{9} + 1 = 10$
  $10 - \boxed{5} = 5$

06
⇒ $\boxed{4} + 6 = 10$
  $10 - \boxed{9} = 1$

07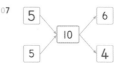
⇒ $\boxed{5} + 5 = 10$
  $10 - \boxed{4} = 6$

08
⇒ $\boxed{8} + 2 = 10$
  $10 - \boxed{7} = 3$

03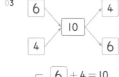
⇒ $\boxed{6} + 4 = 10$
  $10 - \boxed{6} = 4$

04
⇒ $\boxed{3} + 7 = 10$
  $10 - \boxed{3} = 7$

09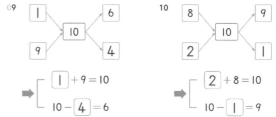
⇒ $\boxed{1} + 9 = 10$
  $10 - \boxed{4} = 6$

10
⇒ $\boxed{2} + 8 = 10$
  $10 - \boxed{1} = 9$

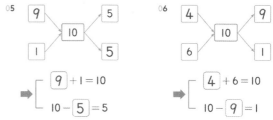   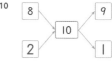 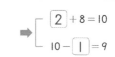

11

10을 만들어
세 수의 덧셈, 뺄셈 하기

원리가 **쏙쏙** 적용이 척척 풀이가 술술 실력이 쏙쏙

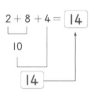 계산 순서에 맞추어 세 수의 덧셈, 뺄셈을 해 보세요.

01 2+8+4 계산하기

$$2 + 8 + 4 = \boxed{14}$$
10
$$\boxed{14}$$

02 6+3+7 계산하기

$$6 + 3 + 7 = \boxed{16}$$
$$\boxed{10}$$
$$\boxed{16}$$

03 14-4-5 계산하기

$$14 - 4 - 5 = \boxed{5}$$
10
$$\boxed{5}$$

04 12-2-4 계산하기

$$12 - 2 - 4 = \boxed{6}$$
$$\boxed{10}$$
$$\boxed{6}$$

원리가 쏙쏙 **적용이 척척** 풀이가 술술 실력이 쏙쏙

 합이 10이 되는 두 수를 먼저 계산하고
나머지 수와 덧셈을 해 보세요.

2 + 8 + 3
↓
$\boxed{10} + 3 = \boxed{13}$

01 4 + 6 + 4
$$\boxed{10} + 4 = \boxed{14}$$

02 1 + 9 + 2
$$\boxed{10} + 2 = \boxed{12}$$

03 3 + 5 + 5
$$3 + \boxed{10} = \boxed{13}$$

04 6 + 8 + 2
$$6 + \boxed{10} = \boxed{16}$$

05 7 + 1 + 3
$$\boxed{10} + 1 = \boxed{11}$$

06 6 + 8 + 4
$$\boxed{10} + 8 = \boxed{18}$$

07 9 + 1 + 6
$$\boxed{10} + 6 = \boxed{16}$$

08 5 + 3 + 7
$$5 + \boxed{10} = \boxed{15}$$

차가 10이 되는 두 수를 먼저 계산하고
나머지 수와 뺄셈을 해 보세요.

13 - 3 - 5
↓
$\boxed{10} - 5 = 5$

01 12 - 2 - 1
$$\boxed{10} - 1 = \boxed{9}$$

02 11 - 1 - 9
$$\boxed{10} - 9 = \boxed{1}$$

03 16 - 6 - 7
$$\boxed{10} - 7 = \boxed{3}$$

04 17 - 7 - 5
$$\boxed{10} - 5 = \boxed{5}$$

05 14 - 4 - 3
$$\boxed{10} - 3 = \boxed{7}$$

06 15 - 5 - 2
$$\boxed{10} - 2 = \boxed{8}$$

07 19 - 9 - 4
$$\boxed{10} - 4 = \boxed{6}$$

08 18 - 8 - 6
$$\boxed{10} - 6 = \boxed{4}$$

세 수의 덧셈, 뺄셈을 순서에 맞게 해 보세요.

01 $4+6+8=18$

02 $3+1+9=13$ 　　03 $5+2+5=12$

04 $8+2+1=11$ 　05 $3+7+2=12$ 　06 $5+6+4=15$

07 $7+5+5=17$ 　08 $4+8+2=14$ 　09 $4+9+1=14$

10 $7+2+3=12$ 　11 $4+3+6=13$ 　12 $8+5+5=18$

13 $3+2+8=13$ 　14 $3+7+8=18$ 　15 $3+6+7=16$

16 $15-5-3=7$ 　17 $18-8-1=9$ 　18 $16-6-2=8$

19 $13-3-6=4$ 　20 $15-5-4=6$ 　21 $11-1-3=7$

22 $17-7-7=3$ 　23 $14-4-2=8$ 　24 $18-8-6=4$

25 $19-9-6=4$ 　26 $12-2-5=5$ 　27 $17-7-1=9$

28 $16-6-9=1$ 　29 $13-3-8=2$ 　30 $15-5-6=4$

31 $14-4-8=2$ 　32 $4+6+6=16$ 　33 $3+7+5=15$

34 $8+8+2=18$ 　35 $19-9-5=5$

36 $18-8-9=1$

세로셈 덧셈표 완성하기
세로셈으로 되어 있는 세 수의 덧셈을
순서에 맞게 계산하며 빈칸을 채워 넣으세요.

01
+	4	10	15
	6		
	5	5	

02
+	8	10	13
	2		
	3	3	

03
+	7	10	16
	3		
	6	6	

04
+	9	10	13
	1		
	3	3	

05
+	5	10	16
	5		
	6	6	

06
+	7	10	12
	3		
	2	2	

07
+	8	10	17
	2		
	7	7	

08
+	1	10	19
	9		
	9	9	

세로셈 뺄셈표 완성하기
세로셈으로 되어 있는 세 수의 뺄셈을
순서에 맞게 계산하며 빈칸을 채워 넣으세요.

01
−	15	10	7
	5		
	3	3	

02
−	16	10	9
	6		
	1	1	

03
−	19	10	5
	9		
	5	5	

04
−	11	10	4
	1		
	6	6	

05
−	12	10	5
	2		
	5	5	

06
−	14	10	3
	4		
	7	7	

07
−	13	10	6
	3		
	4	4	

08
−	18	10	3
	8		
	7	7	

12

받아올림이 있는
(한 자리 수)+(한 자리 수)

그림을 보고 10을 만들어
덧셈을 해 보세요.

더해서 10이 되는 두 수

1	2	3	4	5	6	7	8	9
9	8	7	6	5	4	3	2	1

01 6+7=☐ – 뒤의 수를 가르기

$$6 + 7$$

6와 더해서
10이 되는 수를
얻기 위해서 7을
가르기 해요.

$$6 + \boxed{4} + 3$$

$$\boxed{10} + 3 = \boxed{13}$$

02 8+6=☐ – 뒤의 수를 가르기

$$8 + 6$$

$$8 + \boxed{2} + 4$$

$$\boxed{10} + \boxed{4} = \boxed{14}$$

03 9+4=☐ – 앞의 수를 가르기

$$9 + 4$$

4와 더해서
10이 되는 수를
얻기 위해서 9를
가르기 해요.

$$3 + \boxed{6} + 4$$

$$\boxed{3} + \boxed{10} = \boxed{13}$$

04 7+8=☐ – 앞의 수를 가르기

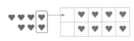

$$7 + 8$$

$$5 + \boxed{2} + 8$$

$$\boxed{5} + \boxed{10} = \boxed{15}$$

---

p.112~113

10 만들기
두 수 중 한 수를 가르고,
10이 되는 두 수를 묶어 보세요.

01

02
$$4 + 8$$
$$\boxed{6} + 2$$

03
$$5 + 6$$
$$\boxed{5} + 1$$

04
$$6 + 5$$
$$\boxed{1} + \boxed{5}$$

05
$$7 + 8$$
$$\boxed{5} + 2$$

06
$$7 + 6$$
$$\boxed{3} + 4$$

07
$$8 + 4$$
$$\boxed{2} + 2$$

08
$$5 + 9$$
$$\boxed{4} + 1$$

09
$$9 + 5$$
$$\boxed{1} + 4$$

10
$$6 + 6$$
$$\boxed{2} + 4$$

11
$$6 + 7$$
$$\boxed{4} + 3$$

12
$$4 + 8$$
$$\boxed{2} + 2$$

두 수 중 한 수를 가르고,
10이 되는 두 수를 묶어 계산하여,
답을 구해 보세요.

$$3 + 9$$
$$2 + 1 + 9$$
$$2 + 10 = 12$$

01
$$4 + 7$$
$$4 + 6 + \boxed{1}$$
$$\boxed{10} + \boxed{1} = \boxed{11}$$

02
$$9 + 5$$
$$\boxed{4} + 5 + 5$$
$$\boxed{4} + \boxed{10} = \boxed{14}$$

03
$$5 + 6$$
$$\boxed{1} + \boxed{4} + 6$$
$$\boxed{1} + \boxed{10} = \boxed{11}$$

04
$$6 + 8$$
$$6 + \boxed{4} + \boxed{4}$$
$$\boxed{10} + \boxed{4} = \boxed{14}$$

05
$$6 + 6$$
$$\boxed{2} + \boxed{4} + 6$$
$$\boxed{2} + \boxed{10} = \boxed{12}$$

06
$$9 + 9$$
$$\boxed{8} + \boxed{1} + 9$$
$$\boxed{8} + \boxed{10} = \boxed{18}$$

07
$$7 + 7$$
$$7 + \boxed{3} + \boxed{4}$$
$$\boxed{10} + \boxed{4} = \boxed{14}$$

08
$$8 + 5$$
$$8 + \boxed{2} + \boxed{3}$$
$$\boxed{10} + \boxed{3} = \boxed{13}$$

원리가 쑥쑥 · 적용이 척척 · **풀이가 술술** · 실력이 쑥쑥

 • 받아올림이 있는 (몇)+(몇)을 가로셈으로 해 보세요.

01 4+7= 11
  10 6 1

02 7+4= 11   03 7+5= 12

04 8+6= 14   05 9+2= 11   06 9+7= 16

07 3+9= 12   08 4+8= 12   09 9+9= 18

10 9+3= 12   11 2+9= 11   12 7+6= 13

13 8+8= 16   14 4+9= 13   15 6+6= 12

16 8+7= 15   17 9+4= 13   18 6+9= 15

19 6+7= 13   20 3+8= 11   21 7+4= 11

22 5+7= 12   23 7+8= 15   24 5+8= 13

25 8+9= 17   26 7+9= 16   27 9+9= 18

28 8+4= 12   29 6+8= 14   30 8+5= 13

31 9+5= 14   32 8+3= 11   33 9+8= 17

34 7+7= 14   35 9+6= 15

36 5+9= 14

원리가 쑥쑥 · 적용이 척척 · 풀이가 술술 · **실력이 쑥쑥**

덧셈표 완성하기
가로칸의 수와 세로칸의 수를 더하여
덧셈표의 빈칸을 채워 넣으세요.

+	8	9
3	8+3	9+3

01
+	8	6	7
9	17	15	16
5	13	11	12
8	16	14	15

02
+	9	8	7
2	11		
3	12	11	
4	13	12	11

03
+	5	2	3
6	11		
9	14	11	12
7	12		

04
+	4	8	6
9	13	17	15
5		13	11
6		14	12

세로셈으로 덧셈하기
(몇)+(몇)을 세로셈으로 해 보세요.

01
```
    6
 +  8
 1  4
```

02
```
    7
 +  4
 1  1
```

03
```
    6
 +  6
 1  2
```

04
```
    5
 +  9
 1  4
```

05
```
    9
 +  4
 1  3
```

06
```
    8
 +  7
 1  5
```

07
```
    8
 +  9
 1  7
```

08
```
    2
 +  9
 1  1
```

09
```
    4
 +  8
 1  2
```

10
```
    7
 +  6
 1  3
```

11
```
    6
 +  9
 1  5
```

12
```
    9
 +  9
 1  8
```

13

받아내림이 있는
(두 자리 수)−(한 자리 수)

 원리가 쏙쏙 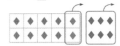 적용이 척척 풀이가 술술 실력이 쏙쏙

	(십)−(약)		
그림을 보고 10을 만들어 뺄셈을 해 보세요.	10−1=9	10−4=6	10−7=3
	10−2=8	10−5=5	10−8=2
	10−3=7	10−6=4	10−9=1

01 16−8=☐ ― 뒤의 수를 가르기

16 − 8

16 − 6 − **2**

10 − **2** = **8**

02 12−9=☐ ― 뒤의 수를 가르기

12 − 9

12 − **2** − **7**

10 − **7** = **3**

03 14−7=☐ ― 앞의 수를 가르기

14 − 7

10 − 7 + 4

3 + 4 = **7**

04 11−4=☐ ― 앞의 수를 가르기

11 − 4

10 − 4 + 1

6 + 1 = **7**

원리가 쏙쏙 **적용이 척척** 풀이가 술술 실력이 쏙쏙

10을 이용한 뺄셈을 하기 위해 두 수 중 한 수를 가르고, 먼저 계산해야 하는 두 수를 묶어 보세요.

01   02   03

04   05   06

07   08   09

10   11   12

두 수 중 한 수를 가르고, 10을 이용한 뺄셈을 먼저 한 후 나머지 수와 계산해 보세요.

15 − 6
15 − 5 − 1
10 − 1 = 9

15 − 6
10 − 6 + 5
4 + 5 = 9

01 14 − 8

14 − 4 − **4**

10 − **4** = **6**

02 12 − 6

10 − 6 + **2**

4 + **2** = **6**

03 13 − 4

13 − **3** − **1**

10 − **1** = **9**

04 11 − 8

10 − 8 + **1**

2 + **1** = **3**

05 11 − 6

11 − **1** − 5

10 − **5** = **5**

06 15 − 9

10 − **9** + 5

1 + **5** = **6**

07 12 − 8

12 − **2** − **6**

10 − **6** = **4**

08 16 − 8

10 − **8** + **6**

2 + **6** = **8**

받아내림이 있는 (십몇)─(몇)을 가로셈으로 해 보세요.

01 11-7= 4

02 12-4= 8　　03 11-8= 3

04 16-8= 8　　05 14-7= 7　　06 15-6= 9

07 16-7= 9　　08 12-7= 5　　09 13-9= 4

10 11-2= 9　　11 17-8= 9　　12 11-5= 6

13 13-5= 8　　14 12-9= 3　　15 14-6= 8

16 11-4= 7　　17 14-5= 9　　18 16-9= 7

19 17-9= 8　　20 13-7= 6　　21 12-3= 9

22 15-7= 8　　23 11-9= 2　　24 13-8= 5

25 18-9= 9　　26 12-6= 6　　27 11-6= 5

28 14-9= 5　　29 13-6= 7　　30 12-8= 4

31 11-3= 8　　32 12-5= 7　　33 14-8= 6

34 13-4= 9　　35 12-6= 6

36 15-8= 7

뺄셈표 완성하기
가로칸의 수에서 세로칸의 수를 빼어
뺄셈표 안의 빈칸을 채워 넣으세요.

─	11	14
5	11-5	14-5

01

─	14	15	16
7	7	8	9
8	6	7	8
9	5	6	7

02

─	11	12	13
4	7	8	9
7	4	5	6
5	6	7	8

03

─	17	15	18
9	8	6	9

04

─	11	14	13
8	3	6	5

05

─	12	11	15
6	6	5	9

06

─	15	14	16
7	8	7	9

세로셈으로 뺄셈하기
(십몇)─(몇)을 세로셈으로 해 보세요.

	십의 자리	일의 자리
	1	4
─		9
		5

01

	1	6
─		8
		8

02

	1	3
─		4
		9

03

	1	5
─		6
		9

04

	1	2
─		9
		3

05

	1	4
─		6
		8

06

	1	7
─		9
		8

07

	1	1
─		5
		6

08

	1	8
─		9
		9

09

	1	3
─		7
		6

10

	1	2
─		4
		8

11

	1	5
─		8
		7

12

	1	4
─		8
		6

10~13 연산의 활용 **3**에서 배운 연산으로 해결해 봐요!

▶ 가장 큰 수와 가장 작은 수를 만들어 봐요
파란색 수 카드와 노란색 수 카드에서 각각 한 장씩 뽑아서
조건에 맞는 세로셈을 해 보세요.

수

01 `9` `7` `8` `5` `4` `6`

가장 큰 수 →
$$+\ \begin{matrix}9\\6\end{matrix}$$
$$\overline{1\ 5}$$

가장 작은 수 →
$$+\ \begin{matrix}7\\4\end{matrix}$$
$$\overline{1\ 1}$$

02 `13` `15` `11` `6` `9` `8`

가장 큰 수 →
$$-\ \begin{matrix}1\ 5\\6\end{matrix}$$
$$\overline{9}$$

가장 작은 수 →
$$-\ \begin{matrix}1\ 1\\9\end{matrix}$$
$$\overline{2}$$

03 `6` `7` `9` `7` `5` `9`

가장 큰 수 →
$$+\ \begin{matrix}9\\9\end{matrix}$$
$$\overline{1\ 8}$$

가장 작은 수 →
$$+\ \begin{matrix}6\\5\end{matrix}$$
$$\overline{1\ 1}$$

126 1권-3

▶ 규칙에 맞게 계산해 봐요
오른쪽 규칙에 따라 덧셈과 뺄셈을 하여
빈칸을 채워 보세요.

규칙

→ 13-5 → 5+7

01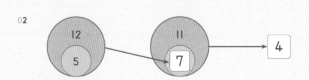

02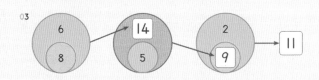

03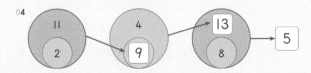

04

연산의 활용 127

▶ 문장의 뜻을 이해하며 식을 세워 봐요
이야기 속에 주어진 조건을 생각하며 덧셈식 또는 뺄셈식을 세우고
답을 구해 보세요.

문장제

01 생일 파티 장식을 위해서 노란색 풍선 8개와 파란색 풍선 6개를 불었습니다.
풍선은 모두 몇 개입니까?

식 $8+6=14$ 답 14 개

02 15명의 친구들이 놀이터에서 놀고 있었습니다. 잠시 후에 9명의 친구들이 집으로
돌아갔습니다. 놀이터에는 몇 명의 친구가 남아 있습니까?

식 $15-9=6$ 답 6 명

03 서영이는 지난 달에 칭찬 스티커를 7개 받았고, 이번 달에는 13개 받았습니다.
이번 달에는 지난 달보다 칭찬 스티커를 몇 개 더 받았습니까?

식 $13-7=6$ 답 6 개

04 지훈이의 형은 매일 턱걸이를 8개씩 합니다. 어제와 오늘 이틀 동안 한 턱걸이는
모두 몇 개입니까?

식 $8+8=16$ 답 16 개

128 1권-3

MEMO

MEMO